高职高专"十二五"规划教材

型 钢 轧 制

主 编 陈 涛
副主编 袁志学 李秀敏 石永亮

U0342371

北 京
冶 金 工 业 出 版 社
2024

内 容 提 要

本书按照国家示范院校重点建设冶金技术专业课程改革要求和教材建设计划，参照冶金行业职业技能标准和职业技能鉴定规范，依据冶金企业的生产实际和岗位群的技能要求编写而成。全书共分9章，主要内容包括轧制生产准备、轧制生产操作、生产过程轧机调整和张力调整、生产过程产品表面质量控制、生产过程生产事故的处理、孔型的优化、轧制工艺参数的优化等。

本书可作为高职高专材料工程技术（轧钢）专业的教材，也可作为企业材料成型与控制等岗位职工的培训教材以及相关技术人员的参考用书。

图书在版编目（CIP）数据

型钢轧制／陈涛主编. —北京：冶金工业出版社，2014.6（2024.5 重印）
高职高专"十二五"规划教材
ISBN 978- 7- 5024- 6588- 9

Ⅰ.①型… Ⅱ.①陈… Ⅲ.①型钢—型材轧制—高等职业教育—教材
Ⅳ.①TG335.4

中国版本图书馆 CIP 数据核字（2014）第 118375 号

型钢轧制

出版发行	冶金工业出版社	电　话	(010)64027926
地　址	北京市东城区嵩祝院北巷 39 号	邮　编	100009
网　址	www.mip1953.com	电子信箱	service@ mip1953.com

策划编辑　俞跃春　责任编辑　俞跃春　美术编辑　彭子赫
版式设计　葛新霞　责任校对　卿文春　责任印制　禹　蕊
北京建宏印刷有限公司印刷
2014 年 6 月第 1 版，2024 年 5 月第 4 次印刷
787mm×1092mm　1/16；9.75 印张；234 千字；147 页
定价 25.00 元

投稿电话　(010)64027932　投稿信箱　tougao@cnmip.com.cn
营销中心电话　(010)64044283
冶金工业出版社天猫旗舰店　yjgycbs.tmall.com
（本书如有印装质量问题，本社营销中心负责退换）

前　言

　　"型钢轧制"是材料工程技术（轧钢）专业的一门核心课程。随着冶金材料工业技术、工艺、设备的不断更新，钢铁企业需要大量的高技能型人才。为适应市场对人才的要求，结合高职高专基于工学结合的教学模式的改革需要，按照国家示范院校重点建设材料工程技术（轧钢）专业课程改革要求和教材建设计划，编者与生产一线的技术专家一起，通过企业调研，紧扣技术发展趋势编写了本书。本书的编写中，力求凸显以下特色：

　　（1）在内容上紧密结合实践，注意学以致用。全书以型钢生产过程为主线，以技能要求为目标，内容选材均来自现场实际。

　　（2）在叙述和表达上做到深入浅出，直观易懂，使读者能触类旁通。

　　（3）在结构上紧扣课程标准要求，按照项目教学进行编排。

　　本书由河北工业职业技术学院陈涛担任主编，袁志学、李秀敏和石永亮担任副主编，参加编写的还有戚翠芬、张景进、巩甘雷等。

　　本书在编写过程中参考了相关书籍、资料，在此对其作者表示衷心的感谢。由于编者水平所限，书中不妥之处，敬请读者批评指正。

编　者

2014 年 3 月

目　录

1 型钢生产认识

1.1 型钢分类与生产

钢铁产品是以铁元素为基础组成成分的金属产品的统称，日常形态包括生铁、粗钢、钢材、铁合金等。由于铁合金在钢铁工业生产过程中主要用做炼钢时的脱氧剂和合金添加剂，因此在管理和统计上通常将铁合金归为钢铁生产主要原材料而非钢铁产品。此外，钢丝、钢丝绳、钢绞线、铁丝、铁钉等钢丝及其制品属于钢铁产品的再加工产品，不属于金属基础产品。所以在统计上，钢铁产品一般包括生铁、粗钢、钢材三大类产品。

生铁是钢铁产品的"初级产品"，经过进一步冶炼就可得到钢。生铁和钢主要根据铁基产品中含碳量多少来区别。铁经冶炼直接得到的产品为粗钢（固体状态称为钢坯或钢锭），粗钢通过铸、轧、锻、挤等方法处理加工后成为钢材。钢材是钢铁工业为社会生产和生活提供的最终产品的主要形式。由于钢材产品品种规格复杂多样，为了适应统计、生产、营销、库存等多方面管理的需要，国际上通常将钢材分为长材（即型材或型钢）、扁平材（即板材或板带钢）、管材（钢管）和其他钢材四大类。其中型钢包括铁道用钢材、钢板桩、大型型钢、中小型型钢、冷弯型钢、棒材、钢筋、盘条等。

大型型钢是指高度不小于 80mm 的 I 型钢（工字钢）、H 型钢、U 型钢（槽钢）、Z 型钢、T 型钢及角钢。

中小型型钢是指高度小于 80mm 的 I 型钢（工字钢）、H 型钢、U 型钢（槽钢）、T 型钢、Z 型钢及角钢、球扁钢、窗框钢。

冷弯型钢是指用钢板或带钢在冷状态下弯曲成的各种断面形状的成品钢材。它除能弯曲成一般的角钢、Z 型钢和槽钢之外，还能弯曲成很多种用热轧法不能获得的型材。冷弯型钢主要用于金属结构、金属家具、运输机械、农业机械以及管道等。

型钢轧制一般采用热轧方式。热轧型钢的品种很多，不同型钢相互区别最明显的特征是它们的断面形状。按断面形状，型钢可分为简单断面形状型钢和复杂断面形状型钢两种。经常轧制的品种有以下几种。

1.1.1 简单断面型钢

简单断面型钢有圆钢、方钢、角钢等。圆钢、方钢主要用来制造各种设备零件，角钢主要用于建筑结构、桥梁及各种构件。

1.1.1.1 圆钢

圆钢是指断面为圆形的钢材。它是应用非常广泛的钢材，其规格是以直径尺寸的大小表示。圆钢的直径一般为 10~200mm，在特殊情况下可达到 350mm。其中直径大于 100mm

者称为大型圆钢。

圆钢断面形状虽然简单，但是其中某些产品的正、负偏差要求很严格，因为断面椭圆度过大或沿长度方向上断面尺寸波动都会直接影响钢材精度。

1.1.1.2　方钢

方钢也是应用比较广泛的钢材品种，有圆角方钢和尖角方钢之分。其规格是以边长尺寸的大小表示，经常轧制的方钢边长尺寸为 4~250mm，其中边长尺寸大于 100mm 者为大型方钢。

1.1.1.3　角钢

角钢分为等边角钢和不等边角钢两种。随着国民经济的发展，一些特殊形状的角钢相继被生产出来，如两腿（或两边）不等厚的角钢及两腿尺寸大小相差很大的特殊角钢等。其规格以边长（cm）尺寸或"号数"表示，例如 20 号（No.20）角钢其边长即为200mm。不等边角钢的规格分别以长边和短边长度（cm）尺寸表示。等边角钢的边长一般为 2~25 号，其中 18~25 号为大型角钢；不等边角钢的边长一般为 2.5/1.6~25/16 号，其中 18/12~25/20 号为大型不等边角钢。

部分简单断面型钢的形状、表示方法、规格范围及用途见表 1-1。

表 1-1　部分简单断面型钢的形状、表示方法、规格及用途

名　称		断面形状	表示方法	规格/mm	交货状态	用　途
圆　钢			直径	10~40 >40 50~350	条（卷） 条 条	钢筋、螺栓、零件 冲、锻零件 无缝管坯、轴
方　钢			边长	4~250	条	零件
角钢	等　边		边长的 1/10	No.2~No.25	条	金属结构、桥梁等
	不等边		长边长/短 边长的 1/10	No.2.5/1.6~ No.25/16.5	条	金属结构、桥梁等

1.1.2　复杂断面型钢

复杂断面型钢中的大型材和轨梁产品通常是指工字钢、槽钢、钢轨等产品。工字钢、槽钢广泛用于建筑结构、桥梁和各种构件，钢轨主要用于修建铁路。

在结构件中承受弯曲力的钢材都希望有大的 W/F 值或 $W/\sqrt{F^3}$ 值（W 为断面模数，F 为断面面积）；承受轴向压力的钢材希望对横断面的 x—x 和 y—y 轴有相同的稳定性。此外，在制造钢结构时，为了使钢材的拼合不产生困难，要求凸缘型钢腿部的内外侧斜度尽量小，腿部侧边最好是平行的。

1.1.2.1 工字钢

工字钢是以高度 h（cm）尺寸来确定规格大小的，其规格范围为 8~63 号（即 $h = 80 \sim 630$mm），其中 20~63 号为大型工字钢。

工字钢按断面形状特点可分为普通工字钢、轻型工字钢和宽缘工字钢（H 型钢）等。它们的共同特点是：腰部的两端有较高的腿，且两腿平行，腿长相等，腿和腰互相垂直，腿外侧面平直。

普通工字钢断面形状及各部位尺寸如图 1-1 所示。其断面尺寸关系为：$d = (1/22 \sim 1/45) h$，$b = (1/2 \sim 1/3) h$，$t = (1.58 \sim 1.62) d$；腿的内侧斜度为 1 : 6。普通工字钢的缺点是浪费金属，这是由于腿和腰过厚、腿的宽度窄、W/F 值较小的原因造成的。

在保证强度的条件下，为了节约金属出现了轻型工字钢，它的规格为 14~70 号，其各部位尺寸关系如下：$d = (1/35 \sim 1/57) h$；腿宽比普通工字钢平均增加 12%；$t = (1.58 \sim 1.96) d$；腿的内侧斜度为 10% ~ 14%。图 1-2 为 24 号、36 号轻型工字钢与同号普通工字钢的比较。24 号、36 号普通工字钢的 W/F 值分别为 8.0 和 11.45，而 24 号、36 号轻型工字钢 W/F 值分别为 8.3 和 12.1，均较前者大，故采用轻型工字钢可以节约金属 15%。轻型工字钢中的薄壁工字钢主要是用在载荷较轻的民用建筑上。它的各部位尺寸有下列关系：$d = (1/57 \sim 1/71.5) h$；腿宽比普通工字钢减少 63.5% ~ 37.5%；$t = (1.62 \sim 1.92) d$；腿的内侧斜度为 1 : 6。这种工字钢节约金属可达 25%。

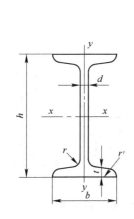

图 1-1　普通工字钢断面尺寸

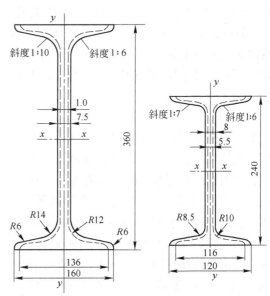

图 1-2　24 号、36 号轻型工字钢和同号普通工字钢的比较
－－－－轻型工字钢；——普通工字钢

还有一种在万能轧机轧制的宽腿工字钢，称 H 型钢。H 型钢与普通工字钢的比较如图 1-3 所示。H 型钢断面形状的特点是：两腿内外侧平行，几乎无斜度，腿端呈直角；腿宽尺寸一般较普通工字钢和轻型工字钢的腿宽尺寸大。根据用途不同，H 型钢又可分为梁材、轻型柱材和重型柱材三个品种。作梁材的 H 型钢有较高的 W/F 或 $W/\sqrt{F^3}$ 值；作柱

材的 H 型钢因为要求对 $x—x$ 和 $y—y$ 轴尽量有相同的稳定性，所以腿较宽，最好是 $h = b$。H 型钢具有断面模数大、重量轻、节约金属等优点，不但可使建筑结构重量减轻 30% ~ 40%，而且还便于拼装、组合成各种构件，从而可节省焊接、铆接工作量 25% 左右。它常用于要求承载能力大、截面稳定性好的大型桥梁、高层建筑、重型设备和高速公路等方面。因此 H 型钢生产近几年

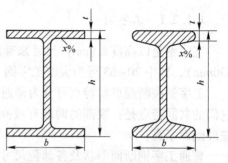

图 1-3　H 型钢与普通工字钢的比较

发展很快，据不完全统计，国外已有 80 套以上的
H 型钢轧机，几个主要产钢国家的 H 型钢已占大型钢材产量的 50% 以上。目前最大的 H 型钢腰高达 1200mm，腿宽 530mm，并出现了 H 型钢连轧机，同时各国还很重视对普通的三辊轨梁轧机进行技术改造，增设万能机架，用以生产 H 型钢，满足小批量生产要求。

1.1.2.2　槽钢

　　槽钢的断面形状如图 1-4 所示。其规格以腰部宽度（cm）尺寸表示，一般为 50 ~ 450mm（5 ~ 45 号），其中 18 ~ 45 号为大型槽钢。

　　槽钢分普通槽钢和轻型槽钢两种。普通槽钢的腿宽较窄，腰和腿较厚，腿内侧壁斜度较大，在使用上很不经济。轻型槽钢与普通槽钢相比，其厚度与高度的比值小。例如，40 号轻型槽钢的腰厚比普通槽钢减少 2.5mm，平均腿厚减少 4.5mm，腿宽增加 15mm。使用轻型槽钢可以节约金属 20% ~ 30%。

图 1-4　槽钢的断面形状

1.1.2.3　钢轨

　　钢轨的断面形状与工字钢相类似，它由轨头、轨腰和轨底三部分组成，如图 1-5 所示。它的规格是以每米长的重量来表示，其品种有轻轨、重轨、电车轨及吊车轨等。
5 ~ 30kg/m 的钢轨为轻轨，33 ~ 75kg/m 的钢轨为重轨。轻轨主要用于矿山和森林建设，重轨主要用于铁路运输，电车轨用在市内有轨电车路上，吊车轨铺在厂房的吊车轨道上。

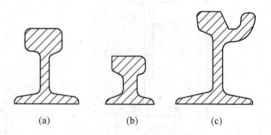

图 1-5　钢轨的断面形状
（a）重轨、轻轨；（b）吊车轨；（c）电车轨

　　钢轨的工作条件十分复杂和恶劣。在使用过程中，轨端部分承受周期性的冲击载荷作用；在车轮压力的作用下，轨头承受接触压应力、机车运行中的滚动摩擦以及刹车时滑动摩擦的作用；轨腰承受偏心载荷的弯曲应力；轨底则经常处于拉应力状态。

　　这种受力条件的复杂性以及受自然界侵蚀（风吹、日晒、雨淋以及气温变化）的恶劣工作环境，对钢轨提出了很高的技术要求，以保证钢轨在这种条件下工作的可靠性。保证钢轨质量还有十分重要的现实意义：钢轨质量的优劣不仅影响机车运行速度的高低、货运

量的多少和钢轨使用寿命的长短，而且更重要的是在于保证机车和人身安全。因为钢轨的报废主要由于轨端的磨损，而火车的翻车事故主要是由于钢轨底部加工不良和轨头剥落所造成的。由于车辆运行速度加快，载重量加大，车次增多，所以对钢轨质量的要求越来越高。这些要求是：（1）耐磨性和耐腐蚀性强；（2）强度和韧性大；（3）耐疲劳性能好；（4）由于天气的冷热变化所引起的各种性能变化小。

钢轨的这种硬而不脆、韧而不断的技术要求，决定了钢轨生产工艺过程的复杂性，决定了组织钢轨生产的一个十分重要的问题在于保证和达到钢轨的质量要求。

部分复杂断面型钢的形状、表示方法、规格范围及用途见表1-2。

表 1-2　部分复杂断面型钢的形状、表示方法、规格及用途

名　称	断面形状	表示方法	规　格	用　途
工字钢		以腰高的 1/10 表示。如高为 200mm，则为 20 号	80~630mm 8~63 号	
槽　钢		以腰高的 1/10 表示。如高为 200mm，则为 20 号	50~400mm 5~40 号	
钢　轨		以每米单位重量表示，如 50kg/m	5~24kg/m 38~75kg/m 80~120kg/m	轻轨、矿山用 重轨、铁路用 起重机轨、吊车用
T 型钢		以腿宽表示，如腿宽 200mm，表示为 T_{200}	20~400mm	结构件、铁路车辆
Z 型钢		以高度表示，如高 310mm，为 Z_{310}	60~310mm	结构件、铁路车辆
窗框钢			品种规格 20 余种	钢窗
钢板桩			槽形、Z 形、板形、U 形	矿山、码头、海洋、井下工程
球扁钢		宽×厚	(5×4~270×14)mm	造船
履带钢				拖拉机、电铲等链板
鱼尾板		以对应的钢轨号表示		钢轨接头

1.1.3　型钢轧制方法

根据轧机的组合方式或轧件断面尺寸的大小，可以采用以下四种基本轧制方法。

（1）穿梭轧制。轧制时，轧件头尾交替地往复进入各机座进行轧制的方法称为穿梭轧制。这种轧制方法属于纵轧方式，被广泛用于初轧机、开坯机、轨梁轧机、大中型型钢轧机等横列式轧机上。在小型横列式轧机上生产较大直径（或边长）即 20mm 以上的圆钢和方钢时，也常用穿梭法。穿梭法轧制每道次之间间隙时间长、生产率低，但操作简单，轧机调整方便，适用于生产复杂断面钢材。

（2）活套轧制。始终以轧件的一端作为头部进入横列布置的各机架进行轧制，并且在轧制过程中，轧件可以同时通过几个机架，由于前架的秒流量大于后架的秒流量，故在轧制中轧件形成活套。这种方法称为活套轧制。此种轧制法在横列式轧机上使用围盘时应用。由于轧件同时通过几个或几列机座，则轧制时各道交叉时间很长，因而轧制一根轧件所需的时间少，终轧温度高，因此对轧制细而长的轧件来说，活套轧制比穿梭轧制优越得多。

（3）连续轧制。一根轧件同时通过几个机座，各机座间遵循金属秒流量相等的原则，这种轧制方法称为连续轧制。连续轧制是一种先进的轧制方法。它具有轧制速度高、轧件头尾温差小、产品质量高等优点。目前，现代化线材轧机均采用连续轧制的方法，最高轧制速度可达 140m/s 以上。棒材轧制也大都采用了连续轧制的方法。在国外复杂断面型钢（如工字钢）也采用了连续轧制的方法。

（4）顺序轧制。在机架纵向间距较大的纵列式轧机上，不允许有连轧现象，故采用每架轧机仅通过一道的顺序轧制法。为使每架轧机的工作均衡，必须随着轧件长度的增加而依次提高轧制速度。

1.1.4 型钢的生产过程

1.1.4.1 非合金钢和低合金钢的生产工艺过程

根据所采用的原料和型钢生产系统区分，非合金钢型钢和低合金钢型钢生产工艺过程可分为以下两种基本类型：

（1）连铸坯直接轧制系统。其特点是连铸设备与轧钢设备紧凑（短流程），充分利用连铸坯的热量，不需重新加热（或仅对坯料角部进行局部加热）而直接送入轧机，轧制成成品。这一工艺要求连铸坯表面质量有所保证，不需要建立大的开坯机，连铸速度与轧制速度要匹配、协调。这种工艺是今后轧制型钢的发展方向，即形成连铸连轧工艺。

（2）连铸坯采用一次加热，轧制成成品。连铸坯既可以用冷料，也可以热送热装炉，在热送连铸坯过程中，采取保温措施、减少热量损失。为了一次加热成材，连铸坯的尺寸不易过大，最小坯料断面尺寸为 120mm×120mm。因而也不需要设置大的开坯机。目前，这种生产工艺已经在轨梁、大型、中型、小型和线材轧机上得到广泛的应用。

1.1.4.2 合金钢型材的生产工艺过程

由于合金钢的钢种、型钢尺寸和用途的不同，合金钢型钢生产工艺过程也有所不同，其基本生产工艺如图 1-6 所示。

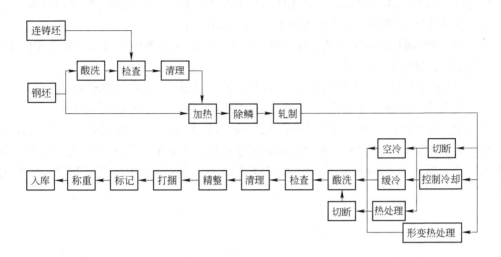

图 1-6 合金钢型钢生产工艺过程

生产合金钢型钢所用原料为连铸坯和轧（锻）坯两种。为了清除钢坯表面缺陷，先进行酸洗、表面检查及清理，然后在连续式加热炉中加热，经机械式高压水除鳞，再进行轧制（或控温轧制），轧后钢材进行控制冷却或形变热处理等工艺控制钢材的组织结构和性能。之后进行表面检查、缺陷清理、精整，对某些合金钢进行必要的热处理，最后打捆、标记、打印和入库。

1.2 型钢轧制原料

1.2.1 轧制原料的种类

轧制时所用的原料有两类：钢锭和连铸坯。

（1）钢锭。钢锭为炼钢车间的一种产品，也是轧钢车间早期所用的主要原始原料。

钢锭的重量波动于很大范围之内，通常为 100（或更小些）~50000kg（或更重些），这主要取决于轧机的尺寸、钢锭的用途和化学成分。在前些年的三辊开坯机上所使用的钢锭多为 200~1500kg；在初轧机上轧制方坯时多采用重 3000~8000kg 的钢锭；轧制厚板坯时或在专门的板坯初轧机上多采用重 15000~20000kg 的钢锭；在专门的特厚板轧机上，钢锭的重量可更重些；在专门轧制特殊钢的工厂里，钢锭的重量根据钢种来确定。

轧制用钢锭的断面形状主要为方形和矩形，根据使用需要在个别情况下有时也可使用圆形、多边形或其他异形（如工字形）等。

钢锭可以采用上注法或下注法进行浇铸。按钢种的不同可浇铸成上小下大的钢锭——沸腾钢、半镇静钢；或上大下小带保温帽的钢锭——镇静钢。

（2）连铸坯。液态钢不经传统的铸锭和开坯轧制两大工序，而由连铸机直接成坯的生产方法，近几年已得到了普及（目前，我国连铸比已达 93%~96%）。使用不同规格的连铸机几乎可以生产出开坯机所轧出的各类规格钢坯，但它仅限于使用镇静钢或半镇静钢。

连续铸坯方法的优点是：金属消耗少，设备费用低，可节约能量消耗，钢坯的化学成分均匀等。但它没有像使用开坯机那样改变轧制品种时的灵活性，也不适于使用沸腾钢。

经过以上分析，我们知道，连铸坯在实际生产中占有绝对的优势，但是目前尚不能完全代替模铸的生产，即连铸比没有达到 100%。这是因为：

1）有些钢种的特性尚不能适应连铸的生产方式，或采用连铸法难以保证连铸的质量，例如沸腾钢、高速钢的生产等。

2）一些必须经锻造的大型锻造件（如万吨舱的主轴），一些大规格轧制产品（如特厚板、车轮轮箍、厚壁无缝钢管的生产），它们目前采用的原料仍是模铸的钢锭。

型钢生产所用的连铸坯主要以方坯、矩型坯和异型坯为主。所谓异型坯是指除了方坯、板坯、圆坯、矩形坯以外具有复杂断面的连铸坯，主要形式为工字形坯。若工字形坯腰部和腿部的厚度小于 100mm，则称为近终形钢梁坯。普通异型坯与近终形钢梁坯的比较如图 1-7 所示。

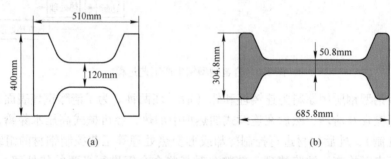

图 1-7　普通异型坯与近终形钢梁坯的比较
（a）普通异型坯；（b）近终形钢梁坯

传统生产大型型材和重轨的坯料是用铸锭经初轧机开坯得到的大方坯或用连铸机铸出大方坯，这显然不如采用普通异型坯（或近终形钢梁坯）经济。采用异型坯具有以下一些优点：

（1）开坯道次明显减少，生产节奏加快，因此开坯机不会成为整个生产线的"瓶颈"。同时，由于轧制时间缩短，轧件温降小，一般可使轧件温降减小 100℃，轧制力降低 30%，轧制能耗减少 20%。

（2）综合成材率提高。异型坯腰部厚度 120mm，轧成进入万能轧机所需的坯料厚度（大规格 H 型钢通常为 40~50mm）时，由于轧件变形小，轧制中产生的头尾"舌头"短，因而切头切尾短。

1.2.2　对连铸坯的要求

连铸坯的断面、尺寸和重量取决于轧机的具体轧制条件及其最大生产能力。坯料尺寸越大、重量越重，则型钢轧机的生产能力越高、单位金属消耗越低。因而现代轧机有增大所用坯料尺寸、增加重量和加长轧件长度的趋势。但是，轧件长度的增加，增大了轧件前端和后端的温差，引起金属变形抗力的变化，因而造成尺寸上的差别加大。轧件长度越短，越有利于提高型钢的精度。沿轧件长度的温差主要还与轧机的形式、布置方式和轧制速度有关。在横列式型钢轧机上轧制钢材时，沿轧件长度的温差比连续式轧机的大很多。因而现代高速连续式型钢轧机采用比横列式轧机坯料尺寸和重量都大很多的坯料，而所轧出的产品尺寸精度却很高。

确定坯料尺寸和重量时应考虑下列设备和生产条件：

（1）加热炉的宽度及利用该坯料时加热炉的生产能力。

（2）成品长度、倍尺及切头、切尾长度要求。

（3）型钢轧机的工艺和结构上的特点。

（4）断面孔型设计的特点及孔型排列。

（5）机架间的距离。

（6）冷床的长度或卷取机的容积和能力。

（7）轧件下料装置的结构。

以连铸坯为原料生产所需质量的型钢，其坯料断面的尺寸应当保证轧制时有足够大的延伸。对普通质量非合金钢其总延伸系数不应小于4，而优质碳素钢和合金钢不应小于10。国内外各冶金厂根据型钢轧机尺寸、结构、架数和布置方式的不同，所采用的连铸坯的断面尺寸和重量也不尽相同。例如方形连铸坯有30种类型，其边长为40~250mm。为了提高型钢轧机的工作效率还可以采用矩形和工字形（切入的异形）连铸坯。

思 考 题

1-1 各种常见型钢的特点和用途是什么？

1-2 比较普碳钢和合金钢的生产工艺流程。

1-3 钢轨的性能有什么要求？

1-4 如何确定连铸坯的尺寸？

2 横列式型钢车间生产操作

横列式车间主要的工艺流程为：原料经上料台架进入入炉辊道，然后被推钢机推入加热炉。加热好的钢坯由出钢机送出，经过翻阴阳面机翻钢，通过辊道送入横列式机架轧制，轧成的产品进入冷床冷却，中间进行检查，然后下冷床。产品通过锯切或剪切切成定尺，进行矫直（有些产品需要先矫直再切断），最后收集、打捆、称重、标识、入库。

2.1 轧机区域设备的操作

在横列式型钢车间的生产过程中，轧钢机是整个轧钢生产的咽喉，是最重要的生产工序，轧机生产的好坏直接影响全车间各工序的生产。因此，轧机区域工作质量影响着产品质量的好坏、产量的高低，直接涉及全车间的经济效益。而轧机操作工的操作水平和工作态度又决定着轧钢机的生产节奏和机时产量，决定着轧机作业时间与设备作业率的高低。所以每个操作工都应当明确本岗位工作的重要性，应熟悉本区域设备的操作方法，热爱本岗位工作、培养本岗位良好的工作素质。

2.1.1 轧机的布置与生产操作

某厂中型轧机布置是二列式，如图 2-1 所示。第一列是一架三辊式轧机，机前设有 S 形翻钢板，机后设有升降台及倒挂活动上横梁、顺孔板。第二列由三架轧机组成。

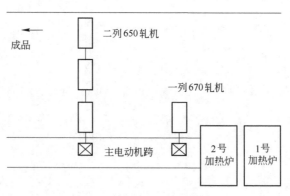

图 2-1　某厂中型轧机布置图

2.1.1.1 升降台

（1）接班时应认真检查，清除升降台上、下、左、右的杂物，特别是重锤下面及低速轴接手下面的铁皮，保证升降起落顺利，无障碍物。

（2）在正式喂钢前应先试车空运转，确认正常时，再喂钢轧制。

（3）升降台停止使用时，台面辊身上不能压有重物，如热钢等。同时升降台面停在水平位置。有机修工人在台下抢修处理问题时，还要切断电源。如果需要升降台停在最高位置时，要用坚固的物体支撑良好，确认安全后再进行操作。

（4）操作者工作时要精神集中，掌握好升降台起升、下降时间，不得起落过早或过晚。应按规定的轧制节奏喂钢，严防顶撞升降台。

（5）升降台在往返升降时，主令开关必须先打到零位，稍停之后自零位开始操作。

（6）禁止用升降台顶托钢坯。

（7）台面辊道盖板不得压在输送辊身上，并要防止杂物卡在辊道上。

（8）在试车升起、降落升降台时，操作工应绝对服从轧钢工或维修工的手势命令，避免发生人身设备事故。

（9）按不同品种的带钢规定喂钢，避免断辊事故和超负荷掉闸影响生产（ϕ670mm 轧机过载电流 900A 左右，过载时间 10s）。

（10）在操作时还要注意与 ϕ650mm 机列的联系，如 ϕ650mm 机列发出停止要钢信号时，应停止喂钢，减少甩废等损失。

2.1.1.2　翻阴阳面机

（1）应掌握各品种在 ϕ670mm 轧机的喂钢要求，按规定将阴面翻到所要求的方向。

（2）操作前应检查周围环境，清理影响翻钢机运行的杂物。

（3）连铸坯必须运送到两推杆正中央停稳后方能操作机械翻钢，不能用单个推杆接触钢料翻钢。

（4）连铸坯完成翻面运走后，须把推杆退出辊道盖板外侧，防止再送来的连铸坯撞弯推杆，损坏翻阴阳面机。

（5）严禁用推杆挡钢。

（6）连铸坯运到翻钢机位置之前，翻钢钩须退到辊面以下，防止撞断钩头，损坏轴承座，造成设备事故。

（7）每次操作完毕应将主令开关打到零位。

2.1.1.3　ϕ650mm 机列前后移钢机

（1）使用人员在接班前应了解上一班组使用情况及设备运转情况。

（2）检查拨爪是不是在一条直线上，检查拨爪是否齐全，一般情况下避免接触不同步将钢拉弯，同时，移钢机钢绳受力不同，受力大的易断。但也有特殊情况，例如，轧制 ϕ50mm、ϕ55mm、ϕ60mm、ϕ65mm 等小断面圆钢时，成品孔前为了使椭圆轧件顺利自动翻钢 90° 进入成品圆孔型，从成品前孔 K2 出来的平椭圆轧件横移到成品孔时，故意在移钢过程中仅使用部分拨爪，尾部或中间部位拨爪不用，从而使轧件在移动过程中推成蛇形（翻钢 90°），这时的轧件由平椭圆变成了立椭，在辊道的带动下自动进入成品圆孔，大大降低了操作工的劳动强度。

（3）盖板放置要平整，如发现不当要及时处理，防止刮伤轧件或轧件顶盖板。

（4）在轧制以前，先将设备空运转几次，打正反转，无异常后再要钢轧制。

（5）移钢机操作中如发现拨爪动作异常，应及时将主令开关打到零位，并与维修人员取得联系。

（6）在操作中要避免将钢拉成死弯或将轧件打伤，轧件停稳再移钢，防止移钢机对产品质量造成影响。

（7）按轧制节奏及时将钢料准确送至下一轧制道次，为正常咬入创造条件。

（8）工作中要思想集中，移送轧件与辊道配合使用，同时要听从地面人员的手势命令决定可否轧制。

2.1.1.4　辊道

（1）接班时应先检查所属各段辊道有无异常情况，辊道盖板上如有杂物应及时排除。

（2）在轧制前，先分段空运转；打正反转，一切正常后方能轧制。

（3）操作升降台面辊道时，要密切配合升降台的起落操作辊道，避免顶撞升降设备。

（4）操作轧机前后工作辊道应了解轧机轧制道次及节奏，熟练掌握正反转、启动制动操作，并在操作中做到稳、准、快。

（5）两机列间及成品输送辊道要做到输送及时，输送成品时要注意将钢并齐输送（有时 2~4 根一起输送，如 20 号槽因辊道宽度限制，每次最多送两支），每次操作要将主令开关打回零位。

（6）操作辊道时，要注意各道次的轧制情况，并听从轧钢工的手势命令，严禁带信号喂钢，防止喂错槽和人身事故。在轧钢工调整和处理导卫事故并给出要求输送手势后才允许开动辊道。

（7）黑头钢、劈头钢、不符合工艺要求的钢不准喂入孔型。

2.1.2　操作事故处理

出现事故后，应立即根据事故现场情况，迅速做出正确判断，果断采取有效措施和手段对事故进行积极处理，以减少损失，尽快恢复正常生产。在处理完事故后，要对设备进行全面检查，确认一切正常后再开车轧钢。

下面对几种典型事故讨论分析一下。

（1）顶升降事故。顶升降事故的主要原因是设备电气问题。由于电气原因（接点出故障造成）升降不落或是落到中间位置停止动作及落不到位，或升降台和辊道连锁装置失灵，升降台回升等都可能造成轧件顶升降事故。操作工精力不集中，升降台未落到位，此时送钢也会造成顶升降事故。

造成事故后应停止操作，先将轧件处理后用天车吊出，再修复设备。

预防顶升降事故主要是操作工在使用时应细心操作，发现设备异常立即停止轧钢，操作时要时刻注意升降台升起的信号灯，并且手不能离开主令开关。

（2）超负荷带钢造成主电机跳闸等事故。超负荷带钢的原因主要是钢料尺寸使用不合理，压下量不均；钢温低而带钢不合理或超过轧制图表规定的条数，这类事故可能造成扁过、缠辊等事故。

预防的主要措施是：操作工要对钢的温度做出正确判断，温度低时可以少带钢，将节奏错开；对各道的压下电流做到心中有数（如在多高的温度轧什么钢种时能带几条钢），并随时观察电流表，应注意负荷均匀，保证生产正常。

2.2 导卫装置

2.2.1 导卫装置的概念和作用

导卫装置是指在型钢轧制中，安装在轧辊孔型前后，辅助轧件按既定的方向和状态准确地、稳定地进入和导出孔型的装置，又称诱导装置。不论轧制何种断面形状的钢材、钢坯，在孔型的入口和出口处都要使用导卫装置。就是说导卫装置是轧钢生产不可缺少的部件，其重要性仅次于孔型，也可以说是孔型的延续。

导卫装置在轧钢工艺中的主要作用是：

（1）使轧件按一定的顺序和正确的状态在孔型中轧制。

（2）减少轧制事故，保证人身和设备的安全。

（3）改善轧辊、轧件和导卫自身的工作条件。

使用导卫装置能使轧件按照所需要的状态进出孔型，用导卫装置来保证轧件按既定的变形条件进行轧制。导卫装置设计得好，并调整得当，还能弥补孔型设计的不足，如轧制角钢、槽钢等品种，若其边长、腿长尺寸不合格，可以通过调整导卫装置的方法来调整。对某些其他型钢，导卫装置也可以起到类似的作用。

2.2.2 导卫装置的分类及其安装与使用要求

中型车间导卫装置通常包括横梁、导板、卫板、夹板（托板）、导板箱、翻钢板和其他诱导、夹持轧件或使轧件在孔型以外产生既定变形和扭转等的各种装置，如图 2-2 所示。

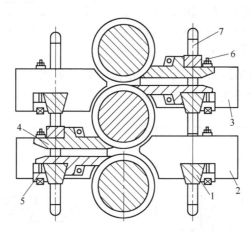

图 2-2　导卫装置

1—横梁；2—进口导板；3—出口导板；4—卫板；5—楔块；6—螺栓；7—牌坊槽

2.2.2.1　导板

导板被固定在横梁上，起轧件进入孔型或离开孔型后不左右弯曲及导向作用。

A　导板的种类、形式及固定方法

导板的种类很多，导板根据生产和操作习惯，有的做成单个导板；有的将一排孔型的导板、卫板做成整体称固定横梁；有的为了减轻导板的重量以便装卸，将导板做成轻便单面导板，如图2-3所示；轧制某些型钢时采用带台的入口导板，如图2-4所示，以保证轧件正确地进出孔型。总之，导板种类形式很多，而且随着型钢生产品种的发展和轧钢设备的更新，不断形成其他新的类型。

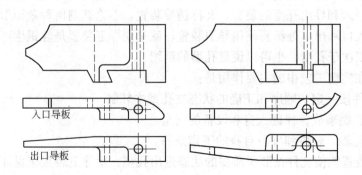

入口导板

出口导板

图2-3　轻便的单面导板

导板根据其所固定的位置可分为入口导板、出口导板。装在入口处的导板称入口导板，装在出口处导板称出口导板。由于入口、出口导板各自作用不同，在确定导板形状时要给予考虑。

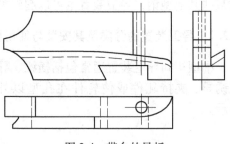

图2-4　带台的导板

导板的固定方法有两种：当横梁为矩形断面时，一般采用双螺栓固定（见图2-5a）。这种固定方法拆装不方便，常用于大中型型钢轧制，中小型用得很少。目前各生产厂家大多采用单螺栓固定的导板和梯形或组合形状断面横梁配套（见图2-5b）。这种导板的固定是依靠螺钉拉紧梯形铁，使梯形铁与横梁的侧面产生楔卡作用，使导板固定牢靠，拆装方便。

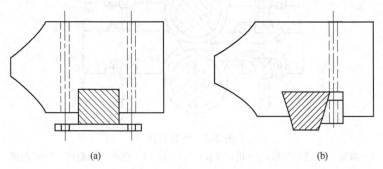

(a)　　　　　　　　　　　　　　　(b)

图2-5　导板的固定方法
(a) 双螺栓固定；(b) 单螺栓固定

B　导板的安装

导板除在设计过程中要根据不同的用途确定合理的形状和尺寸外，在安装上也应予以重视。安装正确与否，将直接影响正常轧制，同时还会给实际操作带来许多不必要的麻烦。导板正确安装应该注意以下几点：

（1）一般情况下，进口导板宽度应稍大于来料轧件宽度，以保证既能扶正轧件，不产生夹卡，又不受轧件顶撞。箱形孔比轧件大 10~15mm，立椭圆孔比轧件大 3~5mm，平椭圆孔比轧件大 10~20mm，切深孔比轧件大 10~15mm，成品孔一般比轧件大 3~5mm。另外，也有特殊的情况。如：角钢成品孔进口导板要比来料尺寸（角钢宽度）小几个 mm。在实际生产中，有经验者可不经测量。

（2）出口导板不小于轧槽宽度尺寸。有经验者可不经测量。

（3）导板与辊环间的距离一般为 10~25mm，最大可用到 40mm。

（4）导板工作面及与横梁接触面必须平直光滑。

（5）导板必须上正，即导板孔的中心线必须对准轧辊孔型的中心线。以轧件不偏不扭为准，导板固定螺丝必须拧紧，导板外侧也要用木头固定牢靠。开车后，每 15min 应检查一次。

（6）不用的孔型要用木头把导板孔塞好或用其他遮挡物在辊道上进行遮挡，以免发生轧件送错孔型。进口导板的前尖不得偏离轧槽。

2.2.2.2 卫板

卫板是安装在出口侧的横梁上，其作用是防止轧件出孔型时产生向上或向下弯曲冲击附属设备（如辊道等）或缠辊。

A 卫板的形状与固定方法

卫板分上卫板和下卫板两种，见图 2-6。下卫板是安装在下横梁上，主要是防止轧件因压力轧制或钢温不均匀引起轧件向下弯曲而造成事故，保证轧件平直。上卫板是用弹簧或重锤吊挂在上横梁上，其作用是防止轧件向上弯曲而造成轧制事故。一般在轧制简单断面型钢时，为了简化卫板装置，往往采用上压力轧制或尽量将钢温不均匀的阴面翻在下面，轧制时只需安装下卫板就能保证轧件顺利轧制。在轧制某些异型断面型钢时，必须同时使用上、下卫板。

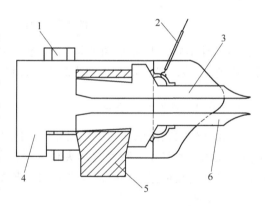

图 2-6 上下卫板的固定
1—导板固定螺丝；2—悬挂弹簧；3—上卫板；
4—导板；5—横梁；6—下卫板

B 卫板的安装及安装要求

在不同的轧制情况下，卫板的安装位置、数目与要求也有所不同。正确安装卫板应该注意以下几点：

（1）卫板的前端圆弧应与轧槽吻合，接触弧长不小于 25~30mm，工字钢等腿部卫板应在 30mm 以上。卫板前尖不得翘起，卫板上表面应比轧槽槽底低 5~10mm。卫板尖部和轧辊接触部位应低于卫板上表面 5~10mm。卫板的宽度 B 与孔型切槽宽度 B_h 有关，即 $B \approx B_h - (8~16)$ mm，防止卫板与孔型侧壁接触，减少孔型磨损。卫板两侧与导板之间应有一定的间隙，使卫板上下移动不受阻碍。

（2）卫板要装正、装稳，吊卫板的悬挂弹簧要牢固。

（3）卫板一般采用铸钢料。在实际生产中，卫板磨损较快，因此要经常检查卫板的磨损情况，若发现卫板前端磨损不能与轧辊槽底紧贴或卫板尾部磨损、下腿磨损不能平稳放置时应及时更换。卫板安装前，对卫板前端用砂轮进行磨光加工，并进行预装检查。

（4）在异型孔型中轧制时，为了卫板的制作和安装调整方便，常采用局部卫板。图2-7所示为不同孔型所需的卫板个数不同的安装情况。

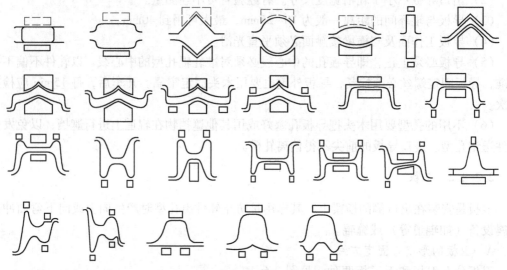

图 2-7　各种孔型使用卫板的情况

（5）开车后，卫板每小时须检查一次，对工字钢等型钢卫板每 15min 检查一次（用卫板钩检查），在轧件头部产生刮伤时应立即检查卫板。

2.2.2.3　夹板与夹板盒

在轧制小型轧件或轧制不稳定轧件，例如椭圆轧件进圆孔或进方孔时，容易造成轧件歪扭、倾倒。入口导卫装置常用夹板来维持轧件的稳定性。夹板盒是用来安装固定夹板的，同时借助夹板盒两侧的螺丝也能调整夹板间距，使之正常工作。

A　夹板

夹板又称导板、小瓦，其作用是当入口轧件不稳定、容易倾倒时，给予扶正，维持其稳定状态。常用的夹板如图 2-8 所示。

为了可靠地扶正和夹持轧件，并提高夹板的使用寿命，在可能的条件下应使夹板的工作面与轧件呈四点接触（见图 2-9），即夹板工作面的中间做成沟槽，以保证轧件的稳定。这种形式夹板常用于大、中型轧机的型钢轧制。

夹板一般是用冷硬铸铁浇铸而成。为了提高夹板耐磨性，也有用镀钨、钨钢、镍铬（NiCr）合金等耐磨材料铸成。夹板工作表面必须光洁，铸件需要用砂轮、刨床加工，成品孔夹板加工后应用样板检查，保证尺寸的正确。另外，夹板与夹板盒直接接触面要光洁，保证夹板在夹板盒中平稳。修复时要用耐磨合金焊条进行修复，并且进行抛光。

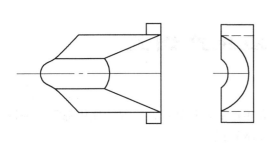

图 2-8 夹板示意图

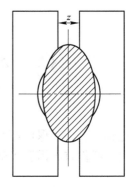

图 2-9 带槽夹板

B 夹板盒

夹板盒也称导板盒、导板箱，如图 2-10 所示。

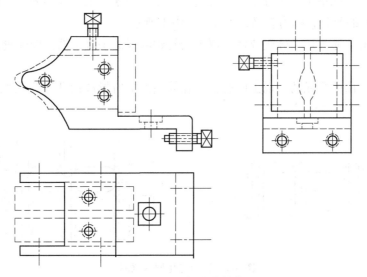

图 2-10 导板盒的结构

　　夹板盒实际上是由左右两块入口导板用上盖和底板连在一起而构成的。夹板盒上盖设有两个螺孔，用以穿过螺栓来调整和固定夹板在夹板盒中的位置及所处状态。夹板盒底板上留有螺孔，用以夹板盒在横梁上固定。夹板盒底板弯折处备有两个螺孔，用以穿过螺栓调整夹板盒方向。

思 考 题

2-1 横列式车间轧制区域的常见操作事故有哪些，如何解决？

2-2 导卫的作用是什么？

2-3 导板应如何夹持轧件？导板安装时应注意哪些问题？

2-4 卫板的形状有哪些？卫板应该如何安装？安装时应注意什么问题？

2-5 滑动导卫应如何维修？

3 横列机组生产调整

在生产过程中，为了保证产品的尺寸精度和生产的顺利进行，导卫和轧机都需要进行调整。调整时，我们首先需要了解一些孔型的基本知识。

3.1 孔型

3.1.1 基本概念

（1）轧槽。在轧钢生产过程中，在轧辊上车出的用来加工轧件的环形沟槽，也就是轧辊与轧件相接触的部分，称为轧槽，如图 3-1 中 1 所示。

（2）轧制面。通过两个轧辊或两个以上的轧辊轴线的垂直平面，即轧辊出口处的垂直平面称为轧制面。

（3）孔型。由两个或两个以上的轧槽，在轧制面上所形成的孔称为孔型，如图 3-1 中 2 所示。

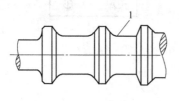
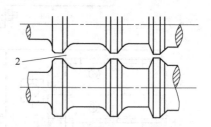

图 3-1　轧槽与孔型示意图
1—轧槽；2—孔型

3.1.2 孔型的分类

孔型通常按其形状、在轧辊上的配置及用途进行分类。

（1）按形状分类，如图 3-2 所示。

1）简单断面孔型：按孔型的直观形状，最常见的有箱形、菱形、六角形、椭圆形、方形、圆形孔型等。

2）异型断面孔型：又称复杂断面形状孔型。按孔型直观形状，最常见的有工字形、槽形、轨形、T 字形孔型等。

（2）按在轧辊上的切槽方法分类。

孔型按在轧辊上的切槽方法可分为开口孔型、闭口孔型、半闭口孔型和对角开口孔型，如图 3-3 所示。

1）开口孔型：孔型辊缝在孔型周边之内的称为开口孔型，其水平辊缝一般位于孔型

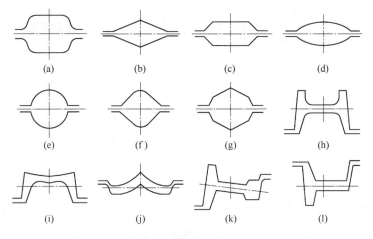

图 3-2　孔型按形状分类

（a）箱形孔型；（b）菱形孔型；（c）六角形孔型；（d）椭圆形孔型；（e）圆孔型；（f）方孔型；（g）六边形孔型；
（h）工字形孔型；（i）槽形孔型；（j）角钢蝶式孔型；（k）轨形孔型；（l）丁字形孔型

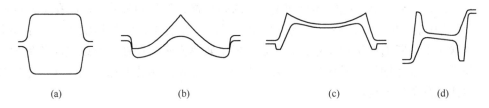

图 3-3　孔型配置方式

（a）开口孔型；（b）闭口孔型；（c）控制孔型；（d）对角开口孔型

高度中间。

　　2）闭口孔型：孔型的辊缝在孔型周边之外的称为闭口孔型。

　　3）半闭口孔型：通常称为控制孔型（如控制槽钢腿部高度等），其辊缝常靠近孔型的底部或顶部。

　　4）对角开口孔型：孔型的辊缝位于孔型的对角线。如左边的辊缝在孔型的下方，则右边的辊缝就在孔型的上方。

　　通常，在开口孔型和闭口孔型中轧制，都可获得同一种规格的产品。但是，闭口孔型对金属侧边加工比开口孔型好，即产品的精度和力学性能都比较优良。由于闭口孔型在轧辊上的切槽较深，削弱了轧辊的强度，而且切槽加工又比较困难，金属对侧壁的磨损较大，所以在轧制简单断面产品时，应尽量采用开口孔型。

　　（3）按用途分类。根据孔型在轧制过程中的位置及其所起的作用，孔型可分为四类，如图 3-4 所示。

　　1）开坯孔型：亦称延伸、压缩孔型，其主要作用是迅速减小被轧金属的断面积，而形状不发生很大变化（延伸孔型的形状与产品的最终形状没有关系），为后面孔型提供合适的轧件尺寸。常见的延伸孔型有箱形孔、方形孔、菱形孔、六角孔、椭圆孔等。

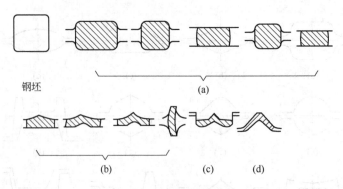

钢坯   (a)

(b)   (c)   (d)

图 3-4　孔型按用途分类

（a）延伸（或开坯）孔型；（b）粗轧（或毛轧）孔型；（c）成品前孔型；（d）成品孔型

2）粗轧（或毛轧）孔型：其作用是在继续减小轧件断面的同时，对轧件进行粗加工，使之逐渐接近成品的形状和尺寸。轧制复杂断面型钢时，这种孔型是不可缺少的孔型，它的形状决定于产品断面的形状，如蝶式孔、槽形孔等。

3）成品前孔型：成品前孔位于成品孔的前一道。它的作用是保证成品孔能够轧出合格的产品。因此，对成品前孔的形状和尺寸要求较严格，形状和尺寸与成品孔十分接近。

4）成品孔型：成品孔是整个轧制过程中的最后一个孔型，它的形状和尺寸主要取决于轧件热状态下的断面形状和尺寸，原因是考虑金属热膨胀的存在，所以成品孔型的形状和尺寸与常温下成品钢材的形状和尺寸略有不同。为延长成品孔寿命，成品孔尺寸按成品的负偏差或部分负偏差设计。

3.1.3　孔型的组成

型材品种繁多，断面形状差异也很大。因此，生产型材所用的孔型也是多种多样的。但不论什么孔型，其几何结构上都有共同的部分，如辊缝、圆角、斜度等，如图 3-5 所示。

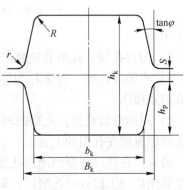

图 3-5　孔型的组成

3.1.3.1　辊缝

沿轧辊轴线方向用来把轧槽与轧槽分开的轧辊辊身部分称为辊环。在型钢轧机轧制轧件时，同一孔型两侧的上下轧辊辊环之间的距离称做辊缝，用 S 表示。辊缝的作用主要是：

（1）在轧辊空转时，为防止两轧辊辊环间发生接触摩擦，要在两辊辊环间留有缝隙。此外，在轧制过程中，除了轧件的塑性变形外，工作机架的各部件在轧制力的作用下也会发生弹性变形，如工作机架牌坊立柱的拉伸、轧辊弯曲、压下螺丝、轴承和轴瓦的压缩等。上述各种因素作用的结果，使机架窗口高度增大，上下两轧辊力求分开，而使其缝隙增大这种现象称为"辊跳"，缝隙增大的总数值称为"辊跳值"。因此，在孔型图上所标注的辊缝值 S，应等于轧机空转时上下辊环间距加上轧辊弹跳，即弹跳应包括在辊缝之内，用公式表示如下：

$$S = l + l'$$

式中　l——上下辊环间距；

　　　l'——弹跳值。

确定辊缝值的关系式如下：

成品孔型　　　　　　　$S = 0.01 D_0$

毛轧孔型　　　　　　　$S = 0.02 D_0$

开坯孔型　　　　　　　$S = 0.03 D_0$

式中　D_0——轧辊名义直径。

辊缝值也可根据轧机构造、机架刚度和孔型用途等不同情况按经验数据选定。表 3-1 所示为各类型钢轧机辊缝的经验数值。

表 3-1　型钢轧机辊缝值

轧　机	初轧机及二辊开坯机	$\phi500\sim650mm$ 开坯机	轨梁、大型和中型轧机			小型轧机		
			开坯	毛轧	精轧	开坯	毛轧	精轧
辊缝值 S/mm	6~20	6~20	8~15	6~10	4~6	6~10	3~5	1~3

（2）简化轧机调整。当轧辊磨损后孔型高度增加，可以利用减小辊缝的方法使孔型恢复到原来的高度。

（3）在不改变辊径的条件下，增大辊缝可减小轧槽切入深度，这就相应地增加了轧辊强度，使轧辊重车次数增加，延长了轧辊的使用寿命。但是辊缝值过大会使轧槽变浅，起不了限制金属流动的作用，使轧出的轧件形状不正确。

（4）在开坯孔型中使用较大的辊缝，可用调整辊缝的方法，从同一个孔型中轧出断面尺寸不同的轧件，从而减少了换辊次数，提高了轧机作业率。

3.1.3.2　侧壁斜度

一般孔型的侧壁均不垂直于轧辊轴线而有一些倾斜。孔型侧壁倾斜的程度称为侧壁斜度（见图 3-5）：

$$\tan\varphi = \frac{B_k - b_k}{2h_p}$$

也可用百分数表示为：

$$\varphi = \frac{B_k - b_k}{2h_p} \times 100\%$$

式中　B_k——孔型槽口宽度；

　　　b_k——孔型槽底宽度；

　　　h_p——槽的高度。

孔型侧壁斜度的作用主要是：

（1）使轧件易于正确地进入孔型。假如孔型做成垂直的侧壁，当送料不正或偏斜时，轧件将碰到辊环上，使轧件入孔困难。在具有侧壁斜度的孔型中，倾斜的侧壁使轧槽形成一个喇叭口，轧件送入孔型时借助于它可以自动找正，顺利地进入孔型。

（2）有利于轧件脱槽。如果孔型侧壁与轧辊轴线垂直，则轧件进入孔型后，由于宽展将被轧槽侧壁夹持得很紧，致使轧件脱槽困难，甚至会造成缠辊和断辊事故。倾斜的侧壁可以减轻对轧件的夹持作用，使轧件易于脱槽。

（3）能恢复孔型原有宽度。如图 3-6 所示，孔型无侧壁斜度时，当孔型侧壁使用一定时间磨损后，轧辊车削时无法恢复轧槽原有宽度。

（4）减少轧辊车削量，延长轧辊使用寿命。因为孔型侧壁斜度不同，在侧壁磨损量相同的条件下，为恢复孔型原有宽度车削轧辊的量也不相同（见图 3-7）。其关系式如下：

$$\Delta D = D - D' = \frac{2a}{\sin\varphi}$$

式中　　ΔD ——轧辊重车量；

　　　　D ——轧辊原始直径；

　　　　D' ——轧辊车削后直径；

　　　　φ ——倾角；

　　　　a ——孔型侧壁磨损深度。

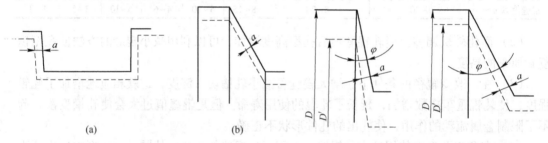

图 3-6　有、无侧壁的孔型
　　（a）无斜壁孔型；（b）有斜壁孔型

图 3-7　不同侧壁斜度对车削量的影响

当侧壁倾角 φ 不很大时，$\sin\varphi = \tan\varphi$，代入上式则有：

$$\Delta D = D - D' = \frac{2a}{\tan\varphi}$$

由上式可知：当磨损量 a 一定时，φ 角愈大，轧辊重车量就愈小；反之，轧辊重车量就大。

（5）孔型具有共用性。孔型侧壁具有较大斜度时，如箱形孔，可以通过调整孔型的充满度，在同一孔型中轧出不同尺寸的轧件，这对于生产钢坯的初轧机、开坯机的孔型具有重要作用。

（6）加大变形量。实践证明，当轧制异型钢材时，孔型侧壁斜度对变形量有一定影响。斜度大，可以允许有较大的变形量，甚至可以减少轧制道次。另外，也有利于提高轧辊强度，改善不均匀变形情况，并减少电能消耗。因此，复杂断面孔型常用具有斜度的孔型。

孔型侧壁斜度虽然有上述重要作用，但斜度过大也会使轧件断面形状"走样"。因为侧壁斜度小有利于夹持轧件，其侧面加工良好，断面形状比较规整。侧壁斜度与孔型的用途、产品的公差范围以及其他一些因素有关，一般取：

延伸用箱孔　　　　　　　　　　　　$\varphi = 10\% \sim 20\%$

闭口扁钢毛轧孔　　　　　　　　　　$\varphi = 5\% \sim 17\%$

钢轨、工字钢、槽钢毛轧孔 $\varphi = 5\% \sim 10\%$

异型钢成品孔 $\varphi = 1\% \sim 1.5\%$

为充分发挥孔型侧壁斜度的作用,我国一些厂曾经成功地使用过双侧壁斜度的箱形孔。此类箱形孔槽底处斜度小,为5%~12%;槽口处斜度较大,为15%~30%。这样既有利于夹持轧件,又有了较大的宽展余地。

3.1.3.3 圆角

孔型的角部一般都做成圆弧形,由于孔型形状和圆角的位置不同,其所起的作用也不尽相同。孔型有内外圆角之分。

孔型内圆角作用主要是:

(1)防止轧件角部急剧冷却,减少角部发生裂纹的机会。

(2)使槽底应力集中减弱,改善轧辊强度。

(3)可以调整孔型的展宽余地,防止产生耳子(如菱形轧件翻钢进入方孔轧制时)。

(4)通过改变圆角尺寸,可以改变孔型的实际面积和尺寸,以调整轧件在孔型中的变形量和充满度。

孔型外圆角的作用主要是:

(1)因为外圆角增加了宽展余地,所以在孔型过充满不大的情况下能形成钝而厚的耳子,避免在下一个孔型内轧制时产生折叠,如图3-8所示。

(2)较大的外圆角可以使比孔型宽的轧件进入孔型时,不会受到辊环的切割而产生刮铁丝的现象,也避免了刮导卫板事故。

(3)对于异型孔型,适当增大外圆角可以改善轧辊的应力集中,有利于提高轧辊强度。

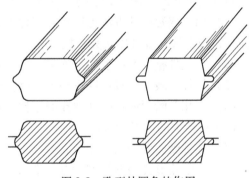

图3-8 孔型外圆角的作用

应当指出,在轧制某些简单断面型钢时,其成品孔型的外圆角半径可取小些,甚至可为零。

3.1.3.4 锁口

当采用闭口孔型以及轧制某些复杂断面型钢用的异形孔时,为控制轧件的断面形状而使用锁口,它是辊缝至孔型轮廓的一段过渡部分,如图3-9所示。若在同一孔型中轧制厚度或高度差异较大时,其所用的锁口长度应适当增加,以便防止轧制较厚和较高轧件时金

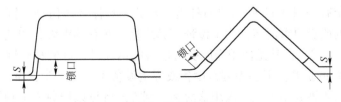

图3-9 孔型的锁口

属有可能挤入辊缝内。值得注意的是，用锁口的孔型，其相邻孔型的锁口位置是上下相互交替的，以保证轧件形状正确。

3.1.4　常用的延伸孔型系统

为了获得某种型钢，通常在精轧孔型之前有一定数量的延伸孔型或开坯孔型。延伸孔型系统就是一些延伸孔型的组合。常见的延伸孔型系统有箱形孔型系统、菱-方孔型系统、菱-菱孔型系统、椭圆-方孔型系统、六角-方孔型系统、椭圆-圆孔型系统、椭圆-立椭圆孔型系统等。

孔型设计时究竟采用哪种孔型系统，这要根据具体的轧制条件——轧机形式、轧辊直径、轧制速度、电动机能力、轧机前后的辅助设备、原料尺寸、钢种、生产技术水平及操作习惯来确定。由于各种轧机的轧制条件不同，所以选用的孔型系统也不完全相同。为了便于孔型设计时合理地选择孔型系统，下面分别介绍各种孔型系统的优缺点和使用范围。

3.1.4.1　箱形孔型系统

A　箱形孔型系统的特点

箱形孔型系统如图 3-10 所示，其特点主要有：

（1）用改变辊缝的方法可以轧制多种不同尺寸的轧件，其共用性好。这样可以减少孔型数量，减少换孔或换辊次数，提高轧机的作业率。

（2）在轧件整个宽度上变形均匀，因此孔型磨损均匀，且变形能耗少。

（3）轧件侧表面的氧化铁皮易于脱落，这对改善轧件表面质量是有益的。

（4）与相等断面面积的其他孔型相比，箱形孔型在轧辊上的切槽浅，轧辊强度较高，故允许采用较大的道次变形量。

（5）轧件断面温降较为均匀。

（6）由于箱形孔型的结构特点，难以从箱形孔型轧出几何形状精确的轧件。

（7）轧件在孔型中只能受两个方向的压缩，故轧件侧表面不易平直，甚至会出现皱纹。

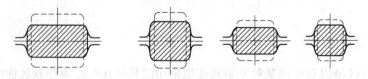

图 3-10　箱形孔型系统

B　箱形孔型系统的组成

箱形孔型系统有如图 3-11 所示的四种组成形式。具体选用何种轧制方式，应根据设备条件和对产品的质量要求而定。为了保证产品质量，在有翻钢设备的轧机上，应采用第 1 种和第 2 种轧制方式，尤其是使用经风铲清理后的钢坯时，这两种轧制方式可避免沟痕形成（见图 3-12）的折叠。但在无翻钢设备或翻钢设备不能每一道次翻一次钢的条件下，可采用第 3 种和第 4 种轧制方式。采用这两种轧制方式既可以避免人工翻钢，又可缩短轧制节奏时间，从而提高轧机的小时产量。因此这两种轧制方式，特别是第 3 种轧制方式被广泛应用于三辊开坯机及中小型轧机的粗轧机上。

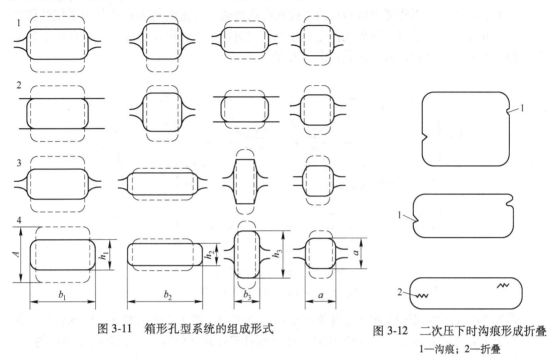

图 3-11 箱形孔型系统的组成形式

图 3-12 二次压下时沟痕形成折叠
1—沟痕；2—折叠

C 箱形孔型系统的应用

由箱形孔型系统的特点可知，它适用于初轧机、大中型轧机的开坯机及小型或线材轧机的粗轧机架。

采用箱形孔型轧制大型和中型断面时轧制稳定，轧制小型断面时稳定性较差。箱形孔型轧制断面的大小取决轧机的大小。轧辊直径愈小，所能轧的断面规格也愈小。例如，在850mm 的轧辊上用箱形孔型轧制方断面的尺寸不应小于 90mm；在辊径为 650mm 的轧辊上不应小于 60mm，在辊径为 400mm 和 300mm 的轧辊上不应小于 56mm 和 45mm。

D 轧件在箱形孔型系统中的变形系数

轧件在箱形孔型中的延伸系数一般采用 1.15 ~ 1.4，其平均延伸系数可取 1.15 ~ 1.34。

轧件在箱形孔型中的宽展系数 $\beta = 0 ~ 0.45$。在不同情况下 β 的取值范围见表 3-2。

表 3-2 轧件在箱形孔型中的宽展系数

轧制条件	中小型开坯机轧制钢锭或钢坯			型钢轧机轧制钢坯	
	前 1~4 道轧锭	扁箱形孔型	方箱形孔型	扁箱形孔型	方箱形孔型
宽展系数 $\beta = \Delta b / \Delta h$	0~0.1	0.15~0.30	0.15~0.25	0.25~0.45	0.2~0.3

E 箱形孔型的构成

箱形孔型分立箱形孔型、方箱形孔型和矩形箱形孔型三种，其构成原则相同。

箱形孔型（见图 3-13）的尺寸有：

（1）孔型高度 h。孔型高度 h 等于轧后轧件的高度。

（2）凸度 f。采用凸度的目的是为了使轧件在辊道上行进时稳定；也是为了使轧件进入下一个孔型时状态稳定，避免轧件左右倾倒，同时也给轧件翻钢后在下一个孔型中轧制时多留一些宽展的余量，以防止轧件出"耳子"。

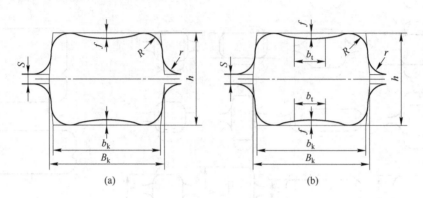

图 3-13　箱形孔型的构成
（a）凸度为弧线；（b）凸度为折线

凸度 f 的大小应视轧机及其轧制条件而定，如在初轧机上 f 值可取 5~10mm；在三辊开坯机上 f 值可用 2~6mm；一般按轧制顺序前面孔型中的 f 值取大些，后面孔型中的 $f = 0$，这是为了避免因在轧件表面上出现皱纹而引起的成品表面质量不合格。

凸度的构成有两种形式，即折线形和弧线形。折线形的平直段 b_t 根据孔型宽度 B_k 的大小，可取 30~80mm。在开坯机上的前几个孔型中可用有平直段的凸度，它对于防止产生"耳子"比弧线形为好，在后几个孔型中可采用弧线形或折线形的凸度，或从前到后都用弧线形或折线形的凸度。

（3）孔型槽底宽度 b_k。槽底宽度 $b_k = B - (0 \sim 6) \mathrm{mm}$。式中的 B 为来料的宽度。有的厂采用 $b_k = (1.01 \sim 1.06)B$，即来料宽度小于槽底宽。轧件在这种孔型中容易产生倾斜和扭转；但当轧件断面较大，并为减少孔型的磨损时可采用之。在确定 b_k 值时，最好使来料恰好与孔型槽底和两侧壁同时接触，或与接近孔型槽底的两侧壁先接触，以保证轧件在孔型中轧制稳定。

（4）孔型槽口宽度 B_k。槽口宽度 $B_k = b + \Delta$。式中的 b 为出孔型的轧件宽度；Δ 为宽展余量，随轧件尺寸的大小可取 5~12mm，或更大些。

（5）孔型的侧壁斜度 $\tan\varphi$。侧壁斜度 $\tan\varphi$ 一般采用 10%~25%，在个别情况中可取 30%或更大些。

（6）内外圆角半径 R 和 r。通常取 $R = (0.1 \sim 0.2)h$；$r = (0.05 \sim 0.15)h$。

在初轧机和开坯轧机上有时采用双斜度箱形孔型。此孔型槽底处的侧壁斜度小于槽口处。这种孔型的优点是改善咬入条件，使轧件进入孔型时稳定，并且给轧件的宽展留有较大的余地。

最后应指出，当用箱形孔型轧成品坯或成品方钢时，最后一个箱形孔型应无凸度；作为开坯孔型的最后一个箱形孔型槽底也应无凸度。

3.1.4.2 菱-方孔型系统

A　菱-方孔型系统的特点

菱-方孔型系统如图 3-14 所示，其特点主要有：

（1）能轧出几何形状正确的方形断面轧件。

（2）由于有中间方孔型，所以能从一套孔型中轧出不同规格的方形断面轧件。

（3）用调整辊缝的方法，可以从同一个孔型中轧出几种相邻尺寸的方形断面轧件。

（4）孔型形状使轧件各面都受到良好的加工，变形基本均匀。

（5）轧件在孔型中轧制稳定，所以对导板要求不严，有时可以完全不用导板。

（6）与同等断面尺寸的箱形孔型相比，轧槽切入轧辊较深，影响轧辊强度。

（7）在轧制过程中，角部金属冷却快，因此在轧制某些合金钢时易在轧件角部出现裂纹。

（8）由于轧件的侧面紧贴在孔型侧壁上，所以当轧件表面有氧化铁皮时，将被轧入轧件表面，影响轧件表面质量。

（9）同一轧槽内的辊径差大，附加摩擦大，轧槽磨损不均匀。

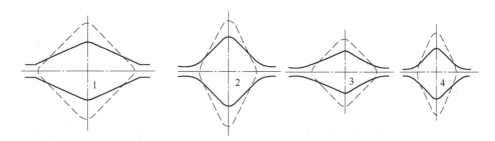

图 3-14　菱-方孔型系统

B　菱-方孔型系统的使用范围

根据菱-方孔型系统的特点，它可以作为延伸孔型，也可以用来轧制（$60 \times 60 \sim 80 \times 80$）mm 以下的方坯和方钢。当做延伸孔型使用时，最好接在箱形孔型之后。菱-方孔型系统被广泛应用于钢坯连轧机、三辊开坯机、型钢轧机的粗轧和精轧道次。

C　轧件在菱-方孔型系统中的变形系数

利用经验计算方法计算菱形和方形轧件的尺寸时，宽展系数的选取范围如下：

方断面轧件在菱形孔型中的宽展系数　$\beta_1 = 0.3 \sim 0.5$

菱形断面轧件在方孔型中的宽展系数　$\beta_f = 0.2 \sim 0.4$

方轧件在菱形孔型中的延伸系数 μ_1 取决于菱形孔型的轴比——宽高比 b/h 和宽展系数 β_1。

菱形轧件在方孔型中轧制时的延伸系数 μ_f 取决于菱形轧件的宽高比 b/h 和在方孔型中的宽展系数 β_f。

当宽展系数为某一数值时，菱形孔和方孔的延伸系数只与菱形孔的轴比 b/h 即顶角 α 有关。

设 $\beta_1 = 0.4$ 和 $\beta_f = 0.3$，则对应于 α 的 μ_1、μ_f 为：

$$\alpha = 110°, \mu_l = 1.194, \mu_f = 1.183$$
$$\alpha = 120°, \mu_l = 1.339, \mu_f = 1.268$$
$$\alpha = 130°, \mu_l = 1.540, \mu_f = 1.342$$

顶角 α 愈大，则菱形孔和方形孔的延伸系数愈大。当顶角 α 大于120°时，为了防止轧制不稳定，对导卫装置要求较严。所以，采用菱-方孔型系统轧制时，一般顶角不大于120°。

D　孔型的构成

菱形孔型的构成如图3-15所示。菱形孔型的主要构成尺寸 h 和 b 确定之后，其他尺寸按下列式子计算：

$$B_k = b\left(1 - \frac{s}{h}\right)$$

$$h_k = h - 2R\left(\sqrt{1 + \left(\frac{h}{b}\right)^2} - 1\right)$$

$$R = (0.1 \sim 0.2)\, h$$

$$r = (0.1 \sim 0.35)\, h$$

$$S \approx 0.1\, h$$

$$F_1 \approx \frac{1}{2}\, hb$$

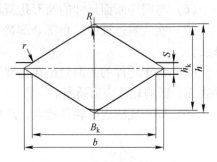

图 3-15　菱形孔型的构成

方孔型的构成如图3-16所示。方轧件的边长 a 确定之后，其他尺寸按下列式子确定：

$$h = (1.4 \sim 1.41)\, a$$

$$h_k = h - 0.828\, R$$

$$R = (0.1 \sim 0.2)\, h$$

$$b = (1.41 \sim 1.42)\, a$$

$$B_k = b - S$$

$$r = (0.1 \sim 0.35)\, h$$

$$S \approx 0.1\, a$$

$$F_1 = a^2 - 0.86\, R^2$$

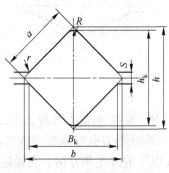

图 3-16　方形孔型的构成

3.1.4.3　椭圆-方孔型系统

A　椭圆-方孔型系统的特点

椭圆-方孔型系统如图3-17所示，其主要特点有：

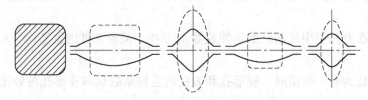

图 3-17　椭圆-方孔型系统

（1）延伸系数大。方轧件在椭圆孔型中的最大延伸系数可达2.4，椭圆件在方孔型中的延伸系数可达1.8。因此，采用这种孔型系统可以减少轧制道次、提高轧制温度、减少能耗和轧辊消耗。

（2）没有固定不变的棱角，如图3-18所示，在轧制过程中棱边和侧边部位互相转换，因此，轧件表面温度比较均匀。

（3）轧件能在多方向上受到压缩（见图3-18），这对于提高金属质量是有利的。

（4）轧件在孔型中的稳定性较好。

（5）不均匀变形严重，特别是方轧件在椭圆孔型中轧制时更甚，结果使孔型磨损加快且不均匀。

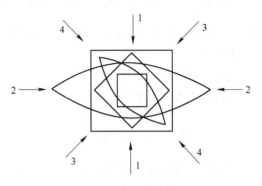

图3-18　棱角的消失与再生

（6）由于在椭圆孔型中延伸系数较方孔为大，故椭圆孔型比方孔型磨损快。若用于连轧机，易破坏既定的连轧常数，从而使轧机调整困难。

B　椭圆-方孔型系统的使用范围

由于椭圆-方孔型系统延伸系数大，所以它被广泛用于小型和线材轧机上做延伸孔型轧制（40×40~75×75）mm以下的轧件。

C　椭圆-方孔型的变形系数

椭圆件在方孔型中的宽展系数 $\beta_f = 0.3 \sim 0.6$，　　常采用 $\beta_f = 0.3 \sim 0.5$。

方件在椭圆孔型中的宽展系数与方件边长之间的关系见表3-3。

表3-3　方件在椭圆孔型中的宽展系数与其边长的关系

方件边长/mm	6~9	9~14	14~20	20~30	30~40
β_f	1.4~2.2	1.2~1.6	0.9~1.4	0.7~1.1	0.55~0.9

椭圆-方孔型系统常用的延伸系数及相邻方件边长差与其边长的关系见表3-4和表3-5。

表3-4　常用的延伸系数值

椭圆-方孔型系统的平均延伸系数		方件在椭圆孔型中的延伸系数		椭圆件在方孔型中的延伸系数	
μ_c	μ_{cmax}	μ_t	μ_{tmax}	μ_f	μ_{fmax}
1.25~1.6	1.7~2.2	1.25~1.8	2.424	1.2~1.6	1.89

表3-5　相邻方件边长差与其边长的关系

方件边长/mm	6~9	9~14	14~20	20~30	30~40
边长差/mm	1.5~2.5	2.4~4.0	2.5~6	5~10	6~12

D　孔型的构成

（1）方孔型的构成。方孔型的构成同菱-方孔型系统。

（2）椭圆孔型的构成（见图3-19）。孔型宽度 $B_k = (1.088 \sim 1.11)b$，相当于孔型的充满程度 $\delta = \dfrac{b}{B_k} = 0.9 \sim 0.92$，即希望在椭圆孔型中给轧件留一些宽展余量，一般以 $\delta = 0.85 \sim 0.9$ 为好。

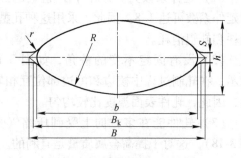

图 3-19　椭圆孔型的构成

辊缝　　$S = (0.2 \sim 0.3)h$

椭圆孔型的圆弧半径

$$R = \frac{(h - S)^2 + B_k^2}{4(h - S)}$$

椭圆轧件的断面面积近似为　　$F = \dfrac{2}{3}(h - S)b + Sb$

外圆角半径　　　　　　　　　$r = (0.08 \sim 0.12)B_k$

3.1.4.4　椭圆-圆孔型系统

A　椭圆-圆孔型系统的特点

椭圆-圆孔型系统如图3-20所示。其主要特点有：

（1）变形较均匀，轧制前后轧件的断面形状能平滑地过渡，可防止产生局部应力。

（2）由于轧件没有明显的棱角，冷却比较均匀。轧制中有利于去除轧件表面的氧化铁皮。

（3）在某些情况下，可由延伸孔型轧出成品圆钢，因而可减少轧辊的数量和换辊次数。

（4）延伸系数较小，一般不超过 $1.3 \sim 1.4$。由于延伸系数较小，有时会造成轧制道次增加。

（5）椭圆件在孔型中轧制不稳定。

（6）轧件在圆孔型中易出耳子。

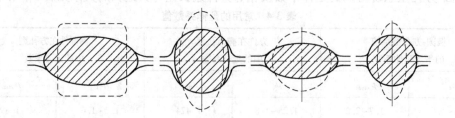

图 3-20　椭圆-圆孔型系统

B　椭圆-圆孔型系统的使用范围

尽管椭圆-圆孔型系统的延伸系数小，限制了它的应用范围。但在某种情况下，如轧制优质钢或高合金钢时，要获得质量好的产品是主要的，采用椭圆-圆孔型系统尽管产量低，成本可能高些，但减少了精整和次品率，经济上仍然是合理的。除此之外，椭圆-圆孔型系统还被广泛应用于小型和线材连轧精轧机组。

C 椭圆-圆孔型系统的变形系数

椭圆-圆孔型系统的延伸系数一般不超过 1.3~1.4。轧件在椭圆孔型中的延伸系数为 1.2~1.6，轧件在圆孔型中的延伸系数为 1.2~1.4。

轧件在椭圆孔型中的宽展系数为 0.5~0.95，轧件在圆孔型中的宽展系数为 0.3~0.4。

D 椭圆-圆孔型系统孔型的构成

椭圆-圆孔型系统中椭圆孔型的构成同前所述。圆孔型的一种构成方法如图 3-21（a）所示。

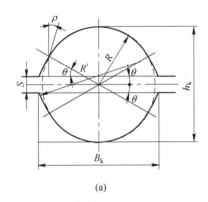
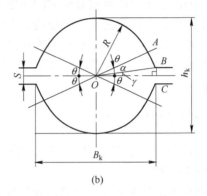

图 3-21 圆孔型的构成

孔型高度 h_k：

$$h_k = 2\sqrt{\frac{F_y}{\pi}} = 2R$$

式中 F_y——圆断面轧件的断面面积。

孔型宽度 B_k：

$$B_k = 2R + \Delta$$

式中 Δ——宽展留的余量，Δ 可取为 1~4mm。

圆孔型的扩张半径 R'：

$$R' = \frac{B_k^2 + S^2 + 4R^2 - 4R(S\sin\theta + B_k\cos\theta)}{8R - 4(\sin\theta + B_k\cos\theta)}$$

其他尺寸：孔型的扩张角 $\theta = 15° \sim 30°$，通常取 $\theta = 30°$；外圆角半径 $r = 2 \sim 5$mm；辊缝 $S = 2 \sim 5$mm。

圆孔型的另一种构成方法如图 3-21（b）所示。这种构成方法与前一种的区别在于用切线代替用 R' 的圆弧连接。切点对应的扩张角为：

$$\theta = \alpha + \gamma = \cos^{-1}\left(\frac{2R}{\sqrt{B_k^2 + S^2}}\right) + \tan^{-1}\left(\frac{S}{B_k}\right)$$

$\theta = 20° \sim 30°$，常用 $\theta = 30°$。这种圆孔型的构成方法多用于高速线材轧机和连续式棒材轧机的圆孔型设计，也可以用于其他轧机的圆孔型设计。

3.2　轧钢机的调整

3.2.1　轧钢机调整的意义、目的

迅速和正确地调整轧钢机是决定轧钢机产量和保证产品质量的主要因素之一。尤其是在经常变换轧制品种与规格的情况下，能够善于迅速地调整好轧钢机，更有其重要意义。

调整的正确性能影响轧制的速度，如果轧机不能在正常状态下进行轧制，就要经常忙于调整机件，甚至有意识地降低轧制速度，以防止产生废品。因此，有经验的、技术熟练的调整工对产品的质量和产量起着很大的作用。

在实际生产中，有的调整工水平很高，在换规格品种而进行换辊后，只需轧一根钢就可以使轧制正常。这样可使整个班组的产量达到很高，且质量满足要求。

轧钢机调整的目的是根据具体的轧钢生产情况，保证稳定的轧制条件，轧出符合产品标准要求的钢材。

3.2.2　轧机调整的原则

轧机调整的复杂程度和轧钢机装备的精度及布置形式关系甚大，调整工作都有如下一些要共同遵循的原则。

（1）严格保持所要求的红坯形状。我们知道，孔型设计中各道次的变形关系都是以轧件的几何形状正确为前提的，没有正确的几何形状就不可能有理想的变形关系。所以保证正确的几何形状是顺利轧制的最基本条件。

（2）严格控制各道轧件尺寸。有了正确的形状还必须控制轧件的尺寸，尺寸过大或过小也都不能达到预期的变形目的，也就是不可能保证下一道次的正确几何形状。所以形状与尺寸是一个问题的两个方面，是调整的基本依据。孔型设计、导卫安装都是以轧件尺寸为基准的。

（3）保证轧制线为一直线。由入口导卫、孔型、出口导卫的中心线所组成的一条"轧制线"，应是一条直线，否则往往造成轧制事故。

（4）控制轧制过程的稳定。保证轧制过程的稳定，就要求轧机的运转平稳。只有轧机平稳才可能保持轧制过程的稳定。当然这与轧机的精度有关。为了保证轧机的运转正常，从轧机安装开始就必须十分注意，如各种垫板的牢固性，轧机的轧辊水平度和平行度等。轧机的安装过程本身就是轧机的预调整过程，只有仔细地安装轧机才能为正确地轧制提供良好的条件，也才能为正确分析判断和处理各种事故打下良好的基础。

（5）严格执行各种工艺操作规程，如轧制温度、来料尺寸、轧辊冷却、换槽、换导卫等。只有严格执行操作规程，才可能避免一些工艺事故，保证作业率和成品质量。

3.2.3　影响金属变形的基本因素

调整的先决条件是除了有合理的孔型设计和导卫装置设计之外，轧辊和导卫装置的安装必须合乎要求，否则就无从调起。调整的任务主要是控制各道孔型的压下和充填情况以及控制轧件的稳定性。

要想找出产生缺陷的原因，首先必须弄清楚影响金属变形的各种因素，如工作辊面速

度差、钢温、钢质、轧槽磨损、导卫装置和压下量等。这些因素主要是影响金属在孔型中的流动，也就是金属在孔型中的充填情况，这里只对可调因素加以讨论。

在实际生产中，调整工除了对导卫装置进行调整外，主要是对下述两方面进行调整：一方面是对于简单断面产品的金属在孔型中压下和宽展的调整；另一方面是对于凸缘产品的断面各部分间的延伸、拉缩和增长量的调整。总之，就是用调整压下量的办法消除各种因素的影响，使金属在孔型中得到合理的分配。

（1）关于压下量的分配和宽展的关系。大家知道，孔型确定以后，由钢坯到成品的总压下量可以说是不变的，但是它的总宽展值并非不变，它是与压下量分配有关的。通常如果粗轧孔压下量大而精轧孔压下量小，则总宽展值就小些；相反，粗轧孔压下量小而精轧孔压下量大，则总宽展量就大些。这是因为在粗轧孔型中轧件较厚，温度较高，宽展系数较小。

在实际生产中，调整工经常利用这个变形关系控制各孔的充满情况。例如，在轧制方钢、圆钢、扁钢、角钢等简单断面产品时，缺陷往往是在孔型开口位置由充填过满（耳子）或充填不满引起的。这时调整工往往都是采用重新分配各孔压下量的办法来消除缺陷。当精轧孔出耳子时，可采用加大粗轧孔压下量、减小精轧孔压下量的方法；当精轧孔充填不满时，可采用放大粗轧孔、增大精轧孔的压下量。

（2）关于不均匀压下对变形的影响。在轧制不对称断面时，轧件有时产生弯曲、扭转和波浪等现象。产生这种现象的原因，除了导卫板安装不当之外，多数是由于产品断面左右两部分压下率不均造成的。压下大的部分延伸亦大，压下小的部分延伸亦小。但是轧件为一整体，各部分相互制约，结果轧件向延伸小的一侧弯曲。压下量差得很大时，将产生扭转。局部压下量大时，将产生波浪。此外，轧件与孔型的接触状态不合适也会引起扭转现象。

为了避免这种现象的产生，在孔型设计时，一般都把不均匀变形分配在粗轧孔里，而使精轧孔保持均匀变形。因为在粗轧孔中轧件较厚、温度较高，不均匀变形的影响不明显。在实际生产中，调整工经常利用这一变形特点，用加大粗轧压下量的方法，消除轧件弯曲、扭转和波浪等现象。

（3）轧制凸缘产品的变形特点。所谓凸缘产品的断面形状有较高的腿部，并且腿部和腰部构成一定角度。在轧制过程中，腰和腿两部分的变形特点不同，腰部主要是靠垂直压下减薄，而腿部主要是靠侧压减薄，其垂直压下很小。此外，轧制这类产品，断面各部分间不可避免地要产生不均匀变形。好的孔型设计把不均匀变形分配在粗轧孔。不均匀变形往往引起腿部拉缩（在闭口腿中腿长度减短）或增长（在开口腿中腿长度增加）现象。如前所述，影响拉缩和增长的因素是很多的，这里只就可调因素加以叙述。

凸缘产品和简单断面一样，孔型确定以后，从钢坯到成品腰部断面减缩量可以说是不变的，但是，由于各孔压下量分配的不同，这对腿长的拉缩和增长将产生不同的影响。在一般情况下，粗轧孔腰部压下量大，精轧孔腰部压下量小，对腿的增长有利。另外，在精轧孔开口腿压下大些，对腿的增长也有利。然而，必须指出，腿端局部侧压太大，腿端将产生波浪，在闭口腿给侧压，闭口槽内将产生楔卡（进闭口槽的开口腿的厚度大于闭口槽的腿厚），结果引起腿长被拉缩。

调整工掌握了上述金属变形的基本规律，就可根据具体情况，进行有效的调整。例如，在轧制凸缘产品时，如果成品腿短，一般减小成品孔腰部压下量，增大前面各孔的压下量；如果成品腿长，则增加精轧孔的压下量，减小粗轧孔的压下量。

（4）导卫装置的安装对轧制稳定性的影响。在型钢轧制中，导卫装置安装是十分重要的，它不但影响轧件在孔型内的充满情况和轧制稳定性，而且影响轧机的作业率和成材率。绝大多数中间轧废都是由于导卫板安装不当而造成的。例如：进口导板安装不当，会产生卡钢、轧件进偏、产品质量出现问题、孔型充填偏斜、轧辊辊环损坏等现象；出口导板安装不当，会引起轧件出槽后发生弯曲、扭转等现象；卫板安装不当，会使轧件出孔后产生上翘或下弯，有时因卫板前端上翘会产生顶钢，严重时会造成缠辊事故，所以生产时必须加以注意。

3.2.4 影响调整精度的各种因素

无论轧制工作如何精确，轧制产品的实际尺寸都会与所要求的尺寸有差别，但是与要求尺寸的差别不应超过产品规格中所规定的一定数值，这个差别数值的范围称为公差。公差的规定一方面取决于轧制产品的用途，另一方面取决于轧钢厂保证轧制精确的条件。轧钢机的刚度好、轧制精度就高，孔型设计愈合理，调整工越有经验，则产品的公差就越小。因此调整工要掌握影响调整公差的各种因素，以便"对症下药"生产出高质量的产品。

3.2.4.1 公差大小对钢材的影响

钢材产品公差的大小会影响到钢的损失量，例如：直径为 60mm 的圆钢，其公差为 ±0.8mm，按照最大、最小公差轧出 ϕ60mm 的圆钢，其每米的重量差别为 1.184kg。如果提高轧制精确度，公差由 ±0.8mm 变到 ±0.5mm，它的重量差别将由 1.184kg 降到 0.74kg。可见，公差对钢的重量的影响是非常大的。

偏差分正偏差和负偏差，成品钢材按负偏差轧制，能给国家节约大量的金属。但这种轧制属高精度轧制，需要调整工很好地掌握调整技术和提高轧钢操作水平。如果公差减小一半，即等于提高 3%~5% 的钢材成材率。

产品标准所规定的公差，因为由于其他方面的误差要占用一部分，故轧钢调整工只能利用所规定的公差一部分，这一部分的数值与公差值之比称为公差系数。为避免废品的产生，在调整轧辊时，允许的公差要比产品规格上所规定的公差小得多。例如，轧制 20 号槽钢，腿厚尺寸为 9±0.7mm，实际生产中采用负偏差。但是只能采用部分负偏差 -0.4mm，而不采用 -0.7mm，否则生产中必定使得产品超负偏差而成为废品。

实际上其他方面的误差影响公差损失的因素很多，概括如下：

（1）由于孔型、辊型设计与实际的错差，所造成的公差损失（Δ_1）。

（2）由于轧辊车削的不精确所造成的公差损失（Δ_2）。

（3）由于轧辊和轧钢机各种部件变形所造成的公差损失（Δ_3）。

（4）由于温度波动造成轧件尺寸变化所产生的公差损失（Δ_4）。

（5）由于孔型及各种机件的磨损造成的损失（Δ_5）。

（6）由于量具的不准确造成的公差损失（Δ_6）。

设调整工所能运用的公差为 Δ_n，产品标准所允许的公差为 Δ，那么调整工所运用的公差值为：

$$\Delta_n = \Delta - \Delta_1 - \Delta_2 - \Delta_3 - \Delta_4 - \Delta_5 - \Delta_6$$

在轧制中要使这些损失减到最小限度，这样就会简化调整工作，并能达到所规定的较严的公差。操作方法越完善，则公差系数即 Δ_n/Δ 的值也就越大，调整工作也就越容易掌握。

3.2.4.2 温度变化对公差的影响

温度变化，轧件及机件的变形抗力也发生变化，因此温度变化对产品的精确度是有很大影响的。

A 轧件的温度对公差的影响

（1）钢料温度变化，则变形抗力也随之变化。钢料温度降低，变形抗力增大，轧件尺寸要增大，因此影响公差精度。

（2）钢料在轧辊中间通过时所产生的应力引起的机件弹性变形，会影响轧件尺寸的精确性。机件变形的大小随着轧件的温度而变动，即在同一调整条件下，轧辊间的距离亦有所不同。这是因为钢料的温度愈低，作用于轧辊的轧制压力愈大，引起的弹性变形亦愈大。

调整工在调整轧辊时，应使轧件尺寸在温度发生变化的情况下也不超出公差。调整工应知道轧制高温与低温钢料时，轧辊跳动数值的差别，并根据自己的经验来进行工作。一般中型轧钢机咬入钢料时，轧辊跳动值为 2~5mm。

产品轧制终了温度的变化对公差也有影响。轧制终了温度变化愈大，则钢料在冷却时的收缩对成品尺寸的影响也愈大。当轧制终了温度为 1000℃ 时，收缩系数一般采用 0.013，当轧制终了温度变化在 100℃ 范围内时，收缩量的变化则为 0.0013。例如轧制 60mm 的圆钢，由于终轧温度变化 100℃，则尺寸收缩变动在 0.08mm，等于在 60±0.8mm 高精度轧制时允许公差的 5%，因此轧钢工应考虑在此情况下的收缩变化。

B 轧辊温度对公差的影响

轧辊辊身和辊颈的温度是影响公差的一个因素。辊身周期地与轧件相接触而变热，同时辊颈温度也由于辊颈与轴承摩擦而升高。在轧钢机正常轧制时，轧辊保持一定的温度，即吸收的热量与散失的热量相平衡时，钢料的尺寸比较正常。但在轧钢机停工或轧制速度不均匀的条件下工作时，轧辊温度会发生变化，这会影响产品的精确性。

例如，在 ϕ550mm 轧机上，轧制 ϕ55mm 圆钢时，成品轧辊的温度升高 30℃，辊身辊颈都变热了。由于轧辊的温度变化，孔型高度改变为：

$$\delta = \frac{\gamma(D + d)t}{100000}$$

式中　δ——孔型高度的变化，mm；

　　　γ——生铁的线膨胀系数，由 0℃升到 100℃等于 1.04mm/℃；

　　　D——辊身直径，mm；

　　　d——辊颈直径，mm；

　　　t——轧辊增高的温度，℃。

已知 D = 550mm、d = 350mm、t = 30℃，则孔型高度变化（热膨胀）：

$$\delta = \frac{1.04 \times (550 + 350) \times 30}{100000} = 0.28$$

由此说明，轧辊发热的影响是相当大的，调整工应考虑这一因素。

钢轧辊尺寸在发热时的变化稍大于生铁轧辊。从 0℃ 变化到 100℃ 时，钢 1m 长的线膨胀变化为 1.17mm。

为将轧辊的发热影响缩减到最小，需用水充分冷却辊身与颈部。当轧机长时间停轧以后又开始工作时，轧辊迅速发热，可能轧出尺寸过小的钢材。

轧辊的温度与冷却水的水量有极大的关系，用水充分冷却轧辊会减小温度的影响和简化调整工作。

3.2.4.3 轧机的机件磨损时对公差的影响

轧机长时间工作时，受力的机件逐渐磨损，调整工要对此特别注意，以便得到正确尺寸的轧件。

A 影响孔型磨损的主要因素

（1）轧辊质量。

（2）采用压下量大小。

（3）轧件轧制时的温度。

（4）轧件的钢种。

（5）轧辊温度变化的情况。

其中轧辊质量是决定孔型寿命的最主要因素。孔型的磨损会使轧件达不到所要求的尺寸而造成废品。

B 轧机轴瓦及连接机件的磨损

（1）轴瓦的磨损也是影响公差的一项因素，其磨损程度与轴瓦材料、所受的压力有关，同时与其维护的好坏也有关系。在轧制时，轴瓦磨损程度与轴瓦表面所受的压力成正比。中型轧机大多使用胶木轴瓦，其每小时磨损 0.02~0.008mm，轴瓦的磨损会增加调整困难，调整工应掌握轴瓦的磨损情况。

（2）连接轴、接手以及轧辊梅花接头的磨损应有一定的允许限度，因为由于它们的磨损，会使轧辊产生轴向窜动，因此各轧钢机件的磨损如已超过规程所允许的范围，应立即更换。

保持轧钢机稳定的状态，是保证轧钢机调整稳定的最主要条件之一，如果轧机晃动，则不能获得合乎公差的产品。因此调整工要不停地调整轧机的机件位置。

3.2.5 型钢轧机针对各产品的调整

正确的孔型设计要有正确的孔型调整与之相配合。调整工必须熟知各道次的轧件形状与尺寸、充填程度、成品各方面的尺寸差别及缺陷特征，不了解这些情况的调整是盲目的调整。精确的成品尺寸、光洁的表面质量、良好的内部质量是孔型调整的目标，其中规格成品尺寸是调整工进行工作的主要依据。因为从成品缺陷一般可以推出发生问题的部位或原因，所以我们首先从成品缺陷分析入手，并提出相应的调整方法。

3.2.5.1 方钢的调整

轧制时首先必须将成品孔和成品前孔轧辊对正、紧牢。此外,调整工要特别注意最后一个箱形孔出来的轧件必须是正方形并达到所要求的尺寸,否则,进菱形孔就要扭转,轧制就会不稳定。

方钢断面虽然简单,但是要轧出精确断面形状,却不是一件容易的事。调整不当,会出现对角不合、边长不合、大圆角、扭转、耳子、折叠、塌角和划伤等缺陷。

(1)关于对角线不合的调整。对角线不合有两种情况:垂直对角线不合和水平对角线不合。

垂直对角线不合也有两种情况:一是垂直对角线短的同时断面尺寸也小;二是垂直对角线短的同时顶角圆。前者是由于成品高度小造成的,应放大成品孔;后者是由于成品前孔未充满,宽度不足,进入成品孔后顶角未充填起来造成的,应放大成品前二孔,使成品前孔充满。

水平对角线不合的情况是:如果垂直对角线不合,水平对角线大或小,都是由于成品前孔高度不合适造成的。如果成品水平对角线大,应将成品前孔高度压小;如果水平对角线小,应将成品前孔放大。

(2)关于边长不合的调整。边长不合有两种情况:一种是一对边大,一对边小;另一种是一边大,一边小。某厂也经常出现这两种情况,但尺寸不超差,在公差范围内。下面看一下具体情况:

一对边大,一对边小,即$a>a'$,严重的有棱子,如图3-22所示。这是由于成品辊错牙造成的,应紧正轧辊。

一边大,一边小,即$a'>a$,$b>b'$,如图3-23所示。这种情况多半是成品辊缝不等,左侧辊缝大,右侧辊缝小造成的,应找正辊缝。

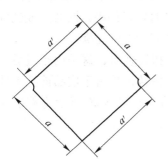

图3-22 一对边大,一对边小($a>a'$)

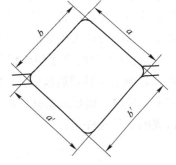

图3-23 一边大,一边小($a'>a$,$b>b'$)

(3)关于成品断续性大圆角的调整。产生断续性大圆角的主要原因,是由于进口导板太宽或轧件"扁过"造成的。

成品前孔进口导板过宽,轧件进孔后将产生断续性"扁过",形成大圆角,进入成品孔时,仍然造成大圆角。故应把导板安装合适。一般轧制软钢入口导板宽度应大于轧件宽度10~15mm,轧制硬钢时宽8~12mm。小规格取下限,大规格取上限。

另外,菱-方孔型前的箱方孔轧件太小,进入成品前孔"扁过",造成四角都圆,成品形成大圆角。故应将箱方孔出来的轧件轧成要求的尺寸和形状。

（4）关于扭转的调整。轧制方钢时，一般在成品孔和箱方孔容易产生扭转。发生扭转的根本原因是轧件在孔型中轧制时受到一对力偶作用。

成品孔产生扭转现象的调整如下：

1）轧辊不水平。成品前的菱形轧件很正确，但成品上下两轧辊中心线对水平线不平行时，如图 3-24 所示，上辊中心线对水平线不平行，说明成品轧辊的右端比左端高，因此上辊轧槽左壁对轧件的压力较大，轧出的轧件沿逆时针方向扭转（如图中箭头所示），因此，在调整时将上辊右端稍降或左端稍抬即可。如轧件向相反方向扭转时，则将上辊右端稍抬或左端稍降即可。

2）成品孔型错开，如图 3-25 所示。上下轧辊的轧槽在同一平面内相错，下辊向左错，这时上辊轧槽左壁和下辊轧槽右壁对轧件的压力较大，因 $l_2 < l_1$ 的缘故，轧出的轧件向左扭转。调整时将下辊向右移动即可。如果下辊位置与上述相反时，则轧出的轧件扭转方向亦相反。

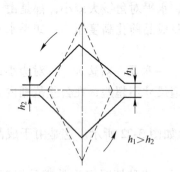

图 3-24　轧辊不水平

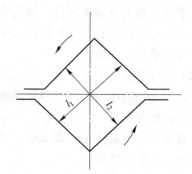

图 3-25　成品孔型错开

3）成品前二孔 K3（K1 指成品孔型，K2 指倒数第二孔，K3、K4 依此类推）钢料少，造成成品前菱形孔充填不满，进入成品孔，容易使水平对角线偏小，同时造成轧件向左向右扭转不定。这时应放大成品前二孔钢料，使成品前孔有较好的充满。

4）成品孔轧件断面尺寸和形状很正确，但仍发生扭转现象，这是由于成品前孔轧件形状不正（轧辊发生轴错造成的）。如成品轧件向右侧扭转，是由于成品前孔上轧辊向左错开造成的，此时应将成品前孔上辊向右移动，对正孔型。图 3-26 所示为菱形轧件形状不正确造成的成品轧件扭转。

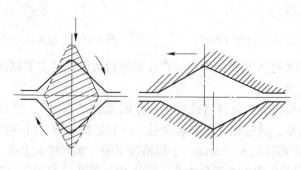

图 3-26　菱形轧件形状不正确造成的成品轧件扭转

5）成品出口导板安装不正，如左侧导板安装向右逼得过于紧（左侧导板上硬了），成品轧件将向右侧扭转，此时调整左侧导板位置合适为止。

6）连铸坯的温度各部不均匀，使钢坯各部延伸不均匀，也使轧件产生扭转。

箱形孔出来的轧件产生扭转的原因有：轧槽错牙、来料不规整、尺寸过大或过小、钢坯温度不均、轧槽磨老（对轧件夹持作用变小）等。但是导致轧件扭转的根本原因是：轧件宽度（b）和轧槽槽底宽度（B）相差过大。轧件宽度和轧槽槽底宽度的关系是：

$$b = B \pm (0 \sim 3)\text{mm}$$

（5）关于耳子的调整。方钢产生耳子的原因是压下量过大，或者是前一孔来料尺寸偏大。

1）两边都有耳子，这种耳子容易消除。如成品轧件两边有耳子，则为成品前菱形轧件尺寸过大，可将成品前菱形孔轧件高度减小。此时，如果菱形轧件亦有耳子，同样可调整前一孔型，即可消除耳子。

2）一边有耳子，这是由于入口的导卫装置和孔型对的不正，调整时将上、下辊的导卫装置一起向没有耳子的方向移动即可。

（6）关于折叠的调整。方钢的折叠有两种情况：一种是顶角有折叠；一种是平面有折叠。顶角折叠是由于成品前孔轧件出耳子造成的。下面通过一个例子具体说明：60mm 方钢 2 号角一个角部出现折叠，另一个角部出现大圆角。其原因是孔型的轧辊上下错牙或导板安偏，使 K3（方箱）孔一侧出耳子，另一侧未充满，此方轧件进入成品前孔时又出现"平咬"，随后翻钢进入成品孔，就出现了 2 号角一个角部出现折叠，另一个角部出现大圆角。解决办法是把 K3（方箱）孔的轧辊对正（通过推辊）或使导板对正孔型。平面折叠是由于箱形孔出耳子或轧槽错牙轧件侧面啃出棱子，进入下一孔压成的。所以应对正轧槽，将压下量分配适当，消除耳子。

另外，轧件有时产生端部折叠或一侧断续性折叠，这是因为箱形孔入口导板过宽，喂钢不正端部出耳子造成的。若导板过宽，轧件进孔时产生摆动，产生断续耳子，形成断续折叠，因此，进口导板必须安装好。

（7）关于轧件平咬的处理。由于孔型的磨损，在轧槽使用后期易出现平咬。所以在轧制 60 方坯和 65 方坯时（它们共用 K3 及以前孔），建议先轧 65 方坯。当 K3 以前各孔磨损后，钢料形状不规范，难以以对角进 K2 孔，60 方坯由于压下较大（与 65 方坯相比），当 K2 出现平咬时，轧件形状不太受影响。而继续轧 65 方坯当出现平咬时，由于压下量小，使得轧件出现大圆角。

（8）关于划伤的调整。划伤往往是成品孔和成品前孔导板或卫板尾部粘铁造成的，出现划伤时应更换导、卫板。

（9）角部形成大鱼鳞。其原因是一列（一架）最后一道的轧槽磨老，即立箱的四个角部磨损严重，轧件出孔后经 K3、K2、K1 轧成方件，出现角部鱼鳞现象。此时应考虑换一架辊。

（10）卫板过度不均匀磨损轧槽。K1、K2 孔的卫板出现不均匀磨损轧槽，造成槽底的某一部位过度磨损，反映到轧件上就是会出现一很细小的"耳子"。这对于轧制来说并不碍大事，但是特别严重时，也要考虑换槽。

（11）方钢面凹陷不平。这是由于成品方钢 1 号角、2 号角部位尺寸偏大，即成品孔或成品前孔垂直对角磨损太老。当检查"铁样"时，如果发现方钢面不平，应考虑换 K1 槽及 K2 槽。

3.2.5.2　圆钢的调整

在横列式轧机上轧制大、中号圆钢，多用万能孔型系统，即方箱—平箱—立椭圆—椭圆—圆孔型系统，如图 3-27 所示。

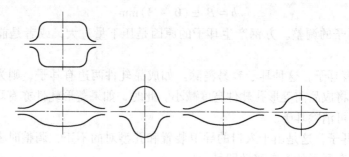

图 3-27　万能孔型系统

轧制圆钢经常产生的缺陷有不圆、扭转、耳子、折叠等。

A　成品椭圆度不合

成品产生椭圆有几种情况：

（1）成品圆对角线不相等，如图 3-28 所示。其产生的原因有三：一是成品孔错牙；二是对角线位置磨老；三是进口导板偏斜。

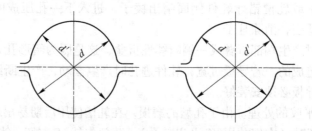

图 3-28　成品圆对角线不相等

调整成品孔对角线不相等，如果是成品孔错牙，需将下辊往对角线直径短的一侧移动，其移动的距离约等于两对角线差的一半，即可将对角线直径不相等的缺陷纠正过来；如果是轧槽磨老必须换槽；如果是进口导板倾斜，应将导板调正。

（2）成品圆的水平直径和垂直直径不合也会形成椭圆。它有几种情况：

1）圆钢的水平直径大，垂直直径也大。应使成品前的椭圆轧件高度缩小，即使成品前上辊适当下降（尺寸调小），成品的上辊适当下降（尺寸调小）。如果成品前的椭圆因上辊的下降产生耳子，应使进入椭圆的立椭圆轧件适当缩小尺寸。如果缩小进入椭圆的立椭圆轧件亦产生过充满现象时，应同样往前一孔调整，使其消除过充满现象。

2）如果圆钢的垂直直径稍大，水平直径正好，如前所述，应降下成品前孔上辊和降下成品上辊。

3）圆钢的垂直直径正好，水平直径稍大，应使成品前椭圆件高度缩小。

4）圆钢的水平直径比规定的小时，应使成品轧辊上辊适当降下；如仍然小时，则使成品前椭圆放大。

5）圆钢的垂直直径比规定的小而水平直径正好或较小时，应放大成品前椭圆断面尺寸，成品上辊亦适当上升。如果水平直径较大时，只将成品上辊适当升起即可。

6）成品孔进口导板偏斜也会造成水平直径大，同时一侧有鼓棱，严重时形成耳子。

还有一种特殊情况是成品圆两侧缺肉（见图3-29）。这种情况轧制大圆钢时易出现。其原因多半是由于成品前二孔、三孔轧件尺寸过小，成品前孔没有压下量所致。这时应放大成品前孔；如果成品圆两侧仍缺肉，应放大成品前二、三孔，以增加成品前孔的压下及宽展，同时增加成品孔的压下量。

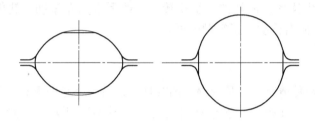

图3-29 成品缺肉

B 扭转现象

成品轧件产生扭转的原因基本上有三种。

（1）成品入口夹板安装不正确。夹板向右或向左倾斜，使成品轧件向右或向左方向扭转，这时需要调整成品孔入口导板盒左侧或右侧的调整螺丝，将夹板扶正使其垂直，即可消除圆钢的扭转。引起圆孔型中轧件扭转的不正确导卫装置如图3-30所示。

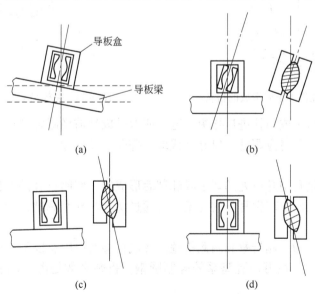

图3-30 引起圆孔型中轧件扭转的不正确导卫装置
（a）导板横梁位置倾斜；（b）导板盒内夹板位置倾斜；（c）夹板之间错移；（d）夹板磨损

（2）椭圆轧件形状不正。当成品入口夹板位置正确，孔型亦没有磨损现象，而轧件仍发生扭转时，应检查成品前孔椭圆轧件断面形状。椭圆轧件断面形状不正确，送入成品孔首先是非垂直面上的两点与轧槽接触，如图 3-31 所示，因此轧件受一力偶作用而发生扭转。

椭圆轧件形状不正确造成的原因及调整方法有下列两种：

1）椭圆孔上辊发生窜动，如图 3-31 所示，上辊向右窜动，进入成品孔，使成品轧件逆时针扭转。这时将上辊向左移动，使轧槽对正，扭转就会消除。

2）椭圆孔前孔立椭圆轧件断面发生偏斜，可能是孔型错动或者由于孔型侧壁不起作用，使轧件歪斜。这时可以调整轧辊或换槽来修正。

（3）圆孔型发生错牙，使轧件产生扭转。一般下辊向左窜动，轧件向左扭转（逆时针方向），调整下辊向右移动对正轧槽即可。

C　耳子与折叠

a　耳子

耳子的产生有两种情况，一是圆钢一侧有耳子，另一个是两侧有耳子。

一侧有耳子是由于夹板向一侧窜动造成的，如图 3-32 所示。消除耳子只需将夹板往没有耳子的一侧移动。

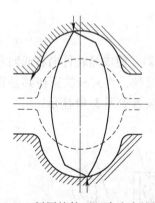　　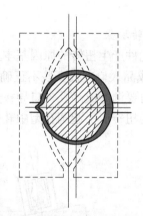

图 3-31　椭圆轧件不正确造成的扭转　　　　图 3-32　夹板错动造成的一侧耳子

两侧耳子，是由于成品孔进口导板太宽，或者是成品前椭圆轧件尺寸偏大，进成品孔造成过充满形成的。此时应调整进口导板或缩小椭圆轧件尺寸。

b　折叠

成品上有折叠是孔型开口处的耳子经轧制后形成的。判明折叠的方位，根据折叠方位和各孔型开口位置，确定产生耳子的孔型，再通过实际观察和调整，消除耳子，折叠问题也就解决了。

圆钢形成折叠分为一侧折叠和两侧折叠。形成折叠的原因有以下三种：

（1）由耳子造成。用万能孔型系统轧制圆钢，折叠多数是由于成品前孔产生耳子引起的。

圆钢的一面产生折叠（上部或下部），是由于成品前孔椭圆轧件进口导板安装偏向一侧，造成一侧过充满产生耳子，进入成品孔轧制形成一侧折叠，这时需将成品前孔进口导板向产生耳子的另一侧移动。

圆钢的两面（上部和下部）产生折叠，是由于成品前椭圆轧件两侧有耳子。这是因为成品前二孔立椭圆尺寸偏大进入椭圆孔过充满造成的。调整时，应缩小立椭圆断面尺寸，消除椭圆轧件两侧耳子。

圆钢两侧面发生折叠，是由于成品前二孔立椭圆轧件充填过满产生耳子或扭转的缘故。立椭圆孔充填过满两侧产生耳子，经两道轧制，形成成品孔两侧折叠，此时应减小立椭圆孔前面平箱孔型的断面尺寸。如果折叠是继续发生，则是由于立椭圆孔进口导板宽的缘故，应调整进口导板，消除折叠。

（2）由导卫装置划伤造成。当导板或夹板表面质量不佳时，轧件的表面会被划出很深的痕迹。这种划痕有时存在于轧件的局部，有时发生于通身。经轧制后这种划痕被压入轧件内部形成折叠。此缺陷在轧制钢质软、塑性好的碳素结构钢时最易产生。当发现折叠现象时，应由每个孔型切取试样，判定有刮伤现象的试样，将对应孔粘挂铁皮或因磨损形成凸棱的导板或夹板更换掉。

（3）轧件温度影响。轧件的温度对钢材尺寸影响很大。温度低时轧件变形抗力大，轧钢机的机件弹性变形也增大，使轧件变形程度有所改变，可能使轧件产生耳子和折叠。温度低时，应把成品前椭圆孔断面减小，并把成品下辊稍稍抬起，防止产生垂直中心线方向尺寸大和轧出耳子的可能。

3.2.5.3 等边角钢的调整

轧制角钢主要是采用蝶式孔型系统，在这一类孔型系统中有用立轧孔和不用立轧孔的蝶式孔型系统之分。当前，在横列式轧机上轧制大、中号角钢所用的孔型系统，趋向于取消立轧孔，它的特点是用闭口孔型使角钢的边端得到加工和控制角钢的边长。由于无立轧孔，因此不要求翻钢，操作简便，劳动强度减轻，而且使轧机的生产能力也有所提高。

轧制角钢质量的好坏，关键在于成品孔的稳定性。因为进入成品孔的轧件是蝶式形状，轧件和孔型形状不吻合，如图 3-33 所示。成品孔不仅有压缩，而且有形状变化。如果轧辊和进口导板安装不合适，在腿部被扳直的过程中，轧件易产生摆动偏斜，它是造成成品主要缺陷如腿长、腿短、偏角等的最直接因素。因此必须指出，轧制角钢时，除了轧辊要安装正确以外，要特别注意进口导板盒及托板的作用。

为使轧件进成品孔稳定，角钢成品进口使用导板框，框内安置进口托板，如图 3-34 所示。左右两块托板尺寸大小相等，形状对称，端部与辊环间距为 20~30mm，轧件通过托板，进入孔型。生产中调整工通过调整进口横梁的高度，达到调整托板高度的目的，从

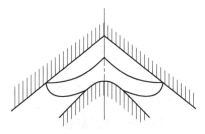

图 3-33 蝶形轧件和成品孔型不吻合

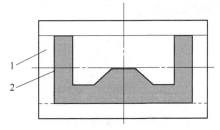

图 3-34 角钢成品进口导板框与托板
1—导板框；2—托板

而能有效地控制轧件尺寸。

（1）关于腿长、腿短的调整。

1）两腿长。一般当成品孔以前 2~3 个孔轧件厚度大于设计规定尺寸，或者轧件温度低时，成品孔压下量大，轧出的成品腿就长。调整时应增大粗轧孔的压下，减小精轧各孔的压下（即腿厚调薄）；或把成品进口导板横梁垫起适当高度。

2）两腿短。调整工应掌握后几个道次压下量增大宽展量也增大的特点。调整两腿短的缺陷可以减小粗轧孔的压下量，适当增大精轧孔的压下量，尤其增大成品孔的压下量最为有效。另外，也可适当降低成品孔进口导板横梁。

3）一腿长一腿短。这种情况一般是由于成品进口导板盒安偏或进口导板梁不平造成的。导板偏向哪一侧，哪一侧腿就长，及时调整导板或导板梁缺陷就会消除。如果腿长未超出正偏差，腿短也未超出负偏差，应在调整导板的同时，放大成品前各孔尺寸，或者将成品孔进口导板梁适当减低。另外成品辊错牙，造成一边压下量大，对应的腿就长；另一边压下量小，对应的腿就短。

4）断续性腿长腿短。其产生原因有下列几种情况：

① 当成品前腿厚尺寸大大超过孔型设计尺寸，成品孔腿端局部压下量大，产生强迫宽展，因而造成断续性腿长。应减小成品前孔轧件腿厚，同时在腿厚允许公差范围内，降成品下辊，适当减小成品孔压下量。

② 当成品孔进口导板梁低，轧件进入成品孔左右摆动时，容易产生断续性腿长或腿短，此时应调整进口导板梁，适量抬起一定高度。

③ 钢坯加热不均，会引起腿长波动，钢温高的部分腿短，钢温低的部分腿长，这对于含碳量较高或含有合金元素的硬钢更为明显。这时调整工应及时向班长或看火工打招呼，组织均衡生产，将钢坯烧匀烧透，减少水管黑印、阴阳面温差。

④ 导板盒过宽，对轧件的夹持力过小，使得轧件进入成品孔后左右摆动，造成断续性腿长腿短。解决的办法是使导板盒宽度小于来料 5mm 以上，以使托板对轧件起到夹持作用，从而使轧件轧制稳定。

（2）关于腿薄腿厚的调整。

1）两腿厚度超出允许偏差范围，可用抬落轧辊解决。

2）一腿薄一腿厚，如图 3-35 所示。这是由于成品辊错牙造成的，应轴向调整，向腿厚的一端推下辊，把轧槽对正。

3）腿边薄腿根厚，如图 3-36 所示。这是由于成品辊倾斜，两端辊缝不相等造成的，应调整辊缝保持相等。

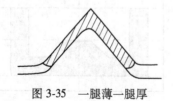

图 3-35 一腿薄一腿厚

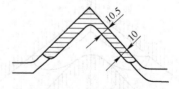

图 3-36 腿边薄腿根厚

4）两腿根薄，如图 3-37 所示，多数情况是轧辊车削不良所致。轧制较大号角钢时，成品前孔厚度比设计尺寸大得多，进入成品孔的轧件腿边部压下量比根部压下量大，会将腿根拉薄。此时应减薄成品前孔腿厚。

有时，可能因为轧件腿端温度低，成品孔轧槽腿端磨损较大，容易产生腿端厚、腿根薄的缺陷，遇此情况只能更换轧槽。

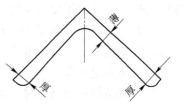

图 3-37　腿根薄腿边厚

（3）关于偏角和圆角的调整。角钢偏角一般都是在成品孔中轧制时，轧件顶角与孔型顶角未对正而造成的全长性偏角和断续性偏角。

1）全长性的偏角。当成品孔进口导板安偏、进钢不正时，会造成偏角，同时产生腿长、腿短现象。此时应将成品孔进口导板向腿短一侧调整。

当成品孔轧槽错牙，轧件进孔型顶角不符时，会造成偏角，此时应把轧辊调正。

2）断续性偏角，多数是由于成品孔进口梁低或成品孔压下量过小，轧件在成品孔左右摆动造成的，有时轧辊轴向固定不牢也会产生断续性偏角，调整时应注意区分这两种因素。属前者，应调大成品前孔钢料，抬起进口横梁；属后者，应固定轧辊。

产生圆角一般分两种情况，即轧制低温钢或硬钢和轧制腿厚的角钢。轧制低温钢和硬钢时，金属流动性较差，顶角不易充满。因此应加大粗轧孔的压下量，减小精轧孔的压下量。轧制腿厚角钢也采用此办法调整。

（4）关于折叠的调整。轧制角钢各蝶式孔型的开口是上下交替的，产生折叠是由于某孔开口处产生耳子引起的。角钢的折叠有外角折叠、内角折叠和腿端折叠。有的是通长的，有的是断续折叠。

1）通长折叠。外角折叠是由于上开口的蝶式孔出耳子，进入下一孔时造成的；内角折叠是由于下开口的蝶式孔出耳子，进入下一孔所致。根据折叠宽度，找准出耳子的孔型，给予调整消除耳子。折叠愈宽说明出耳子的孔型距成品孔愈远。一腿出耳子造成的折叠，一般是由于蝶式孔轧槽错牙或进口导板安偏造成的。

腿端折叠是进口导板安偏，造成出孔时角钢腿端刮伤出现拉丝，再进入下一孔时形成的。另外，腿端折叠也有可能是蝶式孔过充满形成耳子，进入下一孔后造成的。

2）断续折叠。影响因素有二：一是蝶式孔进口导板安偏，进钢摆动产生耳子引起；二是坯料加热不均，温度低处产生耳子引起的。根据折叠情况，找准出耳子的轧槽，调整导板和压下量。

（5）关于毛刺和辗皮的调整。毛刺大多是由于下开口的蝶式孔产生的小而薄的耳子，在进入下一孔被轧槽侧壁辗到腿端形成的，当温度不均时也能形成断续的毛刺。此时应找准出耳子的孔型，通过调整压下量消除耳子来解决。有时蝶形孔闭口轧槽腿端未车光或轧槽磨老亦会造成辗皮，这就需要及时换槽。

（6）关于划铁丝的调整。划铁丝主要是由于轧件比孔型宽，闭口槽把轧件腿端金属切下来形成的。

划铁丝有的是两腿都有，根本的解决办法是修改孔型；用调整的办法也可以消除，即减小前一孔的压下量，使腿端充填不满形成圆角。

如果是一腿产生铁丝，应把出铁丝一侧的入口导板向里移。

（7）关于氧化铁皮坑的消除。当采用粗轧孔没有翻钢的孔型系统时，钢坯表面的氧化铁皮被压入轧件形成铁皮坑。铁皮坑的面积大小不等，深度也不一致。当采用大坯料，加热时间长，形成的氧化铁皮较厚时，更容易产生铁皮坑。严重时铁皮坑深度可达 1~2mm。

（8）关于麻面、瘤子和工作面折叠的调整。成品麻面多数是成品孔轧槽磨老造成的，特别是成品孔下槽，冷却水管浇偏不易发现，轧槽很快磨老，造成麻面。为了使冷却水管牢固应采用固定套管。

轧制薄品种或硬钢种时，如果有"黑头"的轧件进入成品孔把轧槽压出凹坑，在轧件上就呈现周期性"瘤子"。成品槽磨损过老或出坑，也会形成瘤子。

当粗轧机使用钢轧辊时，轧辊磨损严重，形成较深的沟纹后，容易在成品表面造成折叠，这种折叠肉眼难见，用砂轮磨光后才能发现。

发现上述情况，都应及时换槽。

（9）关于扭转的调整。在轧制角钢的过程中，轧件出孔后经常产生扭转现象，这主要是由于两腿部压下量不均或导卫装置安装不当引起的。出口导板梁过高，卫板稍偏斜，将使轧件产生扭转。一般以保持轧件出孔平直为准，轧硬钢时，导板梁应略低一点。

上下出口卫板的间隙不宜过大，应保持轧件上下与导板间各留有 5~10mm 间隙。

厚度较薄的蝶形孔的轧件扭转时，可以用卫板控制，方法是反扭转方向把上下卫板错开并固定牢固（见图3-38）。

此外，轧槽错牙也容易引起轧件扭转，这时要反方向将轧辊调正。

如果成品孔两腿部压下量不均，压下量大的腿部延伸大，出成品孔轧件向压下量小的腿部延伸，但导板又阻止其延伸，这种情况导卫装置调整不当，也容易产生扭转。

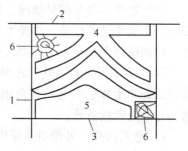

图 3-38　卫板控制
1—导板；2—上横梁；3—下横梁；
4—上卫板；5—下卫板；6—木块

3.2.5.4　工字钢的调整

工字钢的孔型设计分直轧和斜轧法两种。目前，在横列式轧机上轧制工字钢常采用斜轧孔型系统。

这种系统是指工字钢孔型的两个开口边部不同时处于上方或下方的孔型系统。它的优点是孔型侧壁斜度较大，其开口边斜度可达 10%~25%；开口槽允许的侧压量大；轧件边部的增长量大，可减少道次和选用高度较小的钢坯；能使边部与腰下部互成90°，成品质量好；孔型的宽度容易在车修时恢复，而且车修量小；产品尺寸稳定；减轻孔型磨损，轧辊使用寿命较长；轧制力小，能量消耗较少。其缺点是腰部卫板不易安装；轧制时有轴向力，轧辊易产生轴向窜动，为控制轧辊的轴向窜动，要求在轧辊上有工作斜面，结果形成双辊环，因而占用辊身长度较大。

轧制工字钢，由于孔型设计本身就有产生窜动的因素，如果在装辊时轧辊对不正、轴向固定螺丝紧得不牢，就会加剧这种轴向窜动，因此，将轧辊安装好是实现调整顺利的先决条件。

对于卫板的安装也应给予足够的重视，卫板和轧辊要保持足够的接触弧长，尤其闭口腿部卫板，至少要有 30~50mm 长的接触弧长。为了减小腿部卫板的冲击力，腰部卫板可稍长一些，使其先受力。几块卫板在导板间要用木块挤紧，防止卫板倒斜。

下面介绍角式斜轧（即弯腿斜轧）孔型系统轧制工字钢出现的缺陷和调整方法。

（1）腰厚腿长。轧制凸缘产品的普遍规律是，当腰部厚时凸缘就宽，即腿长，工字钢就是一个典型例子。在调整过程中，一般腰厚超出正公差，腿宽往往超正公差，这是设计孔型所决定的。出现腰厚有几种情况：

1）成品腰厚，即辊缝大，成品前孔轧件进入成品孔腰部没有压下量或者压下量很小，所以轧出的成品腰厚腿长。这时应将成品辊缝调小，使腰部产生规定的压下量。

2）成品孔间隙合乎要求，但成品前孔轧件料大，进入成品孔产生较大的压下量，引起较大的辊跳，造成腰厚腿长。此时，应调整成品前孔轧件尺寸。

（2）腰薄腿短。其产生原因与腰厚腿长恰好相反，因为腰部减薄的同时，腿随之减短，再加上腰部延伸对腿的拉缩，因而使腿长变短。其调整方法与腰厚腿长正好相反。

（3）腿长或腿短。腿长往往是粗轧孔腰部压下量太大，在后面各孔腰部压下量小而造成的。为了消除腿长，必须放大粗轧孔，增大精轧孔的压下量。

腿短产生的原因和调整方法与上述情况相反。产生腿短的另一个原因是由于轧辊工作斜面磨损严重，造成轧件开口腿薄，进入下一孔型闭口腿槽产生楔卡现象，形成腿短。此时应找出造成腿短的原因是在粗轧孔还是在精轧孔，卡量粗轧孔末道钢料腿的长度，如果腿短，需要更换粗轧孔轧辊。

（4）腿端波浪。产生腿端波浪的原因，主要是腿端局部侧压大造成的。在实际生产中，这种缺陷往往在前面孔槽已经磨老而后面用新孔型时出现，即由于前一孔来的轧件腿端较厚，进入下一孔开口腿端侧压大造成的。

（5）腰部波浪和拉裂。这种现象在正常轧制时很少出现，一般在换辊后试调过程中出现，而且出现在最后几个道次，因为此时腰部较薄，某孔压下量大，就在某孔产生波浪，严重者则形成腰部拉裂现象，同时伴有响声。这时应放大该孔或减薄来料厚度，以减小该孔压下量。

（6）扭转。角式斜轧孔型系统的特点就是各孔倾斜角度较大，轧件出孔后自然有倾倒现象，这在粗轧孔尤为明显，如果出口导板做成平面，轧件出孔后只是两个开口端与导板面接触形成一对力偶则造成轧件严重扭转。为了消除各种扭转，只要将出口导板内侧镶上与轧件斜度相同的楔铁（见图3-39），或者直接铸出内侧带有与轧件斜度相同的斜面的出口导板，使轧件出孔与导板形成面接触状态，同时在安装导板时要注意横梁的高

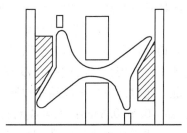

图3-39　带楔铁的出口导板

低，以保持导板的斜面与轧件斜面形成面接触状态，通过调整腿卫板使轧件受力合适，也可以控制扭转。

（7）缠辊。用角式斜轧法轧制工字钢，按理应该容易脱槽不发生缠辊，但在实际生产中，轧件端部在腿根处撕裂进入下一孔时顶卫板时也会造成缠辊。实践证明，这种撕裂是由于腿根处上下辊辊径差大造成的，腰薄时容易拉裂。产生这种现象只有用减小辊径差的办法解决。因此轧制工字钢时，调整工应注意不轧劈头钢和黑头钢，防止缠辊。

3.2.5.5　槽钢的调整

轧制槽钢的孔型系统通常有两种：直轧孔型系统和弯腰大斜度孔型系统。各种孔型系

统一般都由开口槽形孔、控制孔和切深孔三种孔型组成，如图 3-40 所示。控制孔的作用是控制腿长和加工腿端，切深孔的作用是在高温时给予腰部以大压下，以减薄腰厚并形成腿高。

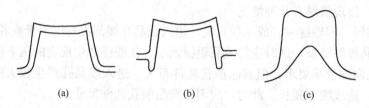

(a)　　　　　　　　　　(b)　　　　　　　　　　(c)

图 3-40　轧制槽钢的孔型
(a) 槽形孔；(b) 控制孔；(c) 切深孔

某厂中型轧机轧制槽钢，采用的是弯腰大斜度式孔型系统，此系统可以采用较大的侧壁斜度。孔型磨损后重车量小，轧辊使用寿命长，轧件易脱槽，可减少冲卫板和缠辊事故。

下面主要介绍弯腰大斜度轧法的调整。

(1) 扭转现象。槽钢采用弯腰大斜度的轧法比采用直轧法有优势，但是采用弯腰大斜度轧法如果导板设计和安装不当，轧件出孔后很容易产生扭转现象，尤其在粗轧孔和上轧制线更为严重。因此出口导板必须根据轧件高度和斜度镶上楔铁，如图 3-41 所示，使轧件出孔后与导板形成面接触，防止只有腿端接触的状态。此外，为了轧制时轧件稳定，从切深孔到成品孔，轧辊必须对正、紧牢，否则，两腿变形不等，导致轧件产生扭转。

另外，为了使两腿长短稳定和肩角充满，成品孔进口导板梁要适当高些，使导板上的托板能托住轧件，两侧的托板要等高，前尖与辊环间距离相等。

(2) 关于腰厚腰薄的调整。

1) 腰厚。在一般情况下，腰厚同时腿也长。当成品前孔压下量较大，而成品孔没有压下量，容易造成这种情况，此时，应减小成品孔腰厚，即加大成品孔压下量，使 $\Delta h \approx 0.5 \sim 0.8\text{mm}$；如果成品孔压下合适，但成品腰仍厚，应适当减小成品前孔和成品前二孔的尺寸；如果腿长合适但腰厚，适当减小成品厚度即可解决。

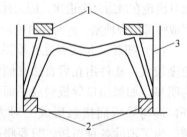

图 3-41　粗轧孔镶楔铁的出口导板
1—上卫板；2—下卫板；3—楔铁

2) 腰薄。腰薄有腰薄腿长、腰薄腿短、一侧腰薄一侧腰厚三种情况。

轧制槽钢时，容易出现以下两种腰薄情况：一是假角未压平而腰薄，这是成品前孔压得过薄造成的；二是假角压平而腰薄且中间有沟，这是成品前二、三孔压得过薄成品压下小造成的。

腰薄腿长的现象一般在试轧时出现，这时应首先检查成品"钢样"的两肩，如果两肩留有假帽痕迹，而且成品孔槽尚有锈层未掉，说明是成品前孔轧件太薄，成品孔没有压下量造成的，应放大成品前孔的厚度。相反，如果腰薄腿短，主要是成品孔压下量过大造成的，应把成品孔尺寸放大。

一侧腰薄一侧腰厚是由于成品轧辊不平或轧槽车歪造成的。轧辊不平应按辊缝调整，轧槽车歪应及时换槽。

（3）关于腿长、腿短的调整。影响腿长和腿短的主要因素是压下量的分配和导卫板的安装。

如果成品两腿都长，但长的量较小，可将成品孔进口导板梁适当垫高，使托板托住两腿可使腿拉短些；如果成品两腿长得较多，这时应将粗轧孔压下量减小，增大精轧孔的压下量，使腿拉短，因为精轧孔拉缩较为明显；另外，减小成品前两个孔的压下量，增大成品孔的压下量，也可达到使腿变短的目的。

调整腿短的方法与调整腿长的方法相反，但道理相同。

（4）关于腿薄、腿厚的调整。腿薄、腿厚两者是并存的，即一腿薄，另一腿厚。如果一侧腿厚且长，一般是切深孔错牙造成的，应把轧辊对正。如果一侧腿薄且短，一般是由于精轧孔错牙造成的，应将最后三个孔对正、紧牢，使两腿等厚等长。

（5）关于波浪的调整。槽钢的波浪缺陷包括腰部波浪和腿长波浪。

1）腰部波浪。如图 3-42（a）所示，其主要原因是腰部压下量大，腿部侧压量小，造成腰腿延伸不一致，当腰部延伸大大超过腿部时，由于腰拉腿的作用，腰产生波浪。此时，合理分配各孔的压下量即可消除腰部波浪。

当轧辊孔型磨损或孔型车削时腰部过肥时，轧件在该孔型中只有腰部压下量而无腿部压下量，腰部延伸大于腿部产生波浪。这时，应减少出波浪的压下量，或减少前一孔的腰部厚度。如果轧辊车削出现腰肥现象，发现此问题后应更换轧辊或轧槽。

2）腿长波浪。腿长波浪是指槽钢沿长度方向上各截面腿长不等。它包括一腿长波浪和两腿长波浪，如图 3-42（b）和图 3-42（c）所示。波浪多数是由于腿端局部侧压大引起的。因为轧制槽钢的成品前孔是控制孔，充填过满出了耳子，就造成成品孔腿端局部侧压大，而成品前孔出耳子主要决定于成品前二孔腿厚。如果一侧腿长有波浪，说明该腿的侧压大，应将成品前二孔该腿减薄。

(a)   (b)   (c)

图 3-42　腰、腿波浪

（a）腰部波浪；（b）单腿波浪；（c）双腿波浪

如果出现两腿长波浪，首先应把成品前二孔尺寸减小；如果是因为成品前二孔腿端磨损大引起波浪，则应更换成品前两个孔轧槽。

（6）关于肩角偏和肩角圆的调整。在横列式轧机轧制槽钢时，成品前孔出来的轧件在往成品孔横移的过程中，容易产生硬弯，硬弯处进成品孔容易产生偏角。轧制腰厚的规格和轧制硬钢时，容易产生肩角圆的现象。这两种现象的调整方法相同，即增大成品前各孔的压下量、减小成品孔的压下量，使肩角部压缩相对增加，这对消除圆角是有利的。

（7）腰部折叠和腿外侧辗皮的调整。腰部产生折叠，一般都是切深孔磨损严重，把腰部刮伤后压成的。如果切深孔槽侧壁磨损严重，轧件腿外侧被槽壁啃伤，容易造成辗皮。

消除缺陷的办法是更换轧槽。

　　（8）关于铁皮坑、麻面和瘤子的调整。这三种缺陷的调整方法与角钢相同。

思 考 题

3-1　什么是孔型？什么是开口孔型、闭口孔型？

3-2　孔型主要有几部分组成？各部分有什么作用？

3-3　什么是锁口？它用于什么孔型，有什么作用？

3-4　箱形孔型有什么特点？其延伸系数、宽展系数的范围有多大？箱形孔型如何构成？

3-5　菱-方孔型有什么特点？其延伸系数、宽展系数的范围有多大？菱-方孔型如何构成？

3-6　椭圆-方孔型有什么特点？其延伸系数、宽展系数的范围有多大？椭圆-方孔型如何构成？

3-7　椭圆-圆孔型有什么特点？其延伸系数、宽展系数的范围有多大？椭圆-圆孔型如何构成？

3-8　方钢常见哪些尺寸超差问题，如何解决？

3-9　圆钢常见哪些尺寸超差问题，如何解决？

3-10　工字钢易在哪道次发生缠辊事故？预防和消除的方法是什么？

3-11　根据自己生产中的体会，简述出现工字钢腿长腿短缺陷时的快速调整步骤与方法。

4 H型钢连轧生产工艺

4.1 概述

4.1.1 H型钢的特点及分类

H型钢的断面通常分成腰部（或称腹板）和腿部（或称翼缘、边部）两部分，H型钢的腿部内侧与外侧平行或接近于平行，腿的端部呈直角，平行边工字钢由此得名。与腰部同样高度的普通工字钢相比，H型钢的腰部厚度小，腿部宽度大，因此又称为宽边工字钢。由形状特点所决定，H型钢的截面模数、惯性矩及相应的强度均明显优于同样单重的普通工字钢。H型钢用在不同要求的金属结构中，不论是承受弯曲力矩、压力负荷还是偏心负荷都显示出它的优越性能，比普通工字钢具有更大的承载能力，并且由于它腿宽、腰薄、规格多、使用灵活，故节约金属10%~40%。由于其腿部内侧与外侧平行，腿端呈直角，便于拼装组合成各种构件，从而可减小焊接和铆接工作量达25%左右，因而能大大加快工程的建设速度，缩短工期。H型钢的应用广泛，用途完全覆盖普通工字钢。

H型钢的产品规格很多，可以按不同方法进行分类。

（1）按生产方式分类可分为焊接H型钢和轧制H型钢。

（2）按尺寸规格划分可分为大、中、小号H型钢。通常将腰高在700mm以上的产品称为大号，腰高在300~700mm的产品称为中号，腰高小于300mm的产品称为小号H型钢。

（3）根据标准《热轧H型钢和剖分T型钢》（GB/T 11263—2010）规定，H型钢分为三类：宽腿部H型钢，代号HW；中腿部H型钢，代号HM；窄腿部H型钢，代号HN；同样剖分T型钢也分有TW、TM、TN三种。

梁型H型钢属于窄腿部（HN）系列，宽高比为1∶(2~3.3)，主要用作受弯构件；柱型H型钢属于中宽腿部（HM）或宽腿部（HW）系列，宽高比为1∶(1~1.6)，主要用作中心、偏心受压构件或组合构件；桩型H型钢（HP）系列，其腿部宽与腰部高及两者的厚度均基本相等，宽高比为1∶1，主要用作基础桩。

4.1.2 H型钢技术要求

H型钢（和剖分T型钢）的标记方式采用H与高度H值×宽度B值×腰部厚度t_1值×腿部厚度t_2值表示。标准中对技术要求有以下几方面的规定。

（1）交货状态以热轧状态交货。

（2）钢的牌号、化学成分和力学性能应符合碳素结构钢（GB/T 700）和低合金高强度结构钢（GB/T 1591）的要求，也可按其他牌号及其性能指标供货。

（3）型钢的表面质量，不允许有影响使用的裂缝、折叠、结疤、分层和夹杂。局部的发纹、拉裂、凹坑、麻点及刮痕等缺陷允许存在，但不得超出厚度尺寸允许偏差。

4.1.3　H 型钢外形尺寸专用量具

依据 GB/T 11263—2010 中所列规格，确定专用量具的结构尺寸。在保证测量准确度的同时，尽可能减少专用量具的数量。该套量具共有 5 类 12 件，可测量 GB/T 11263—2010 中所列全部 74 个规格的 H 型钢外形尺寸。

4.1.3.1　专用量具测量外形尺寸的位置和方式

按照 GB/T 11263—2010 对宽、中、窄腿部 H 型钢尺寸、外形允许偏差的要求，腰部高度 H、腰部厚度 t_1、腿部厚度 t_2、腿部斜度 T、腰部中心偏差 S、腰部弯曲度 W、端面切斜 e 等 7 个参数的测量位置和方式见表 4-1。

表 4-1　测量位置和方式

参　数	位置和方式	参　数	位置和方式
$H×t_1×t_2$		T	
		S	$S=\dfrac{b_1-b_2}{2}$
e		W	

4.1.3.2　专用计量器具种类

专用计量器具有以下五种（见表 4-2）。

（1）专用游标卡尺。在实际生产过程中，端部锯切存在毛刺现象。为避开毛刺所引起的测量不便，在游标卡尺测量爪的末端加了一个高度为 10mm 的凸台，以保证测量的准确性。

1）H 型钢腰部和腿部厚度测量。该卡尺测量范围为 0~200mm，测量准确度 0.1mm。

2）H 型钢腰部高度测量。该卡尺一套两种规格。第一种 $H=0~500mm$，第二种 $H=0~700mm$，测量准确度 0.05mm。

（2）专用深度尺。专用深度尺用于测量从 H 型钢腰部表面到腿部两端部的距离，计算出腰部中心偏差。该深度尺测量范围为 0~240mm，测量准确度 0.1mm。

$$S=(b_1-b_2)/2$$

式中 b_1，b_2——从 H 型钢腰部上、下表面至腿部上、下端的距离。

（3）腿部斜度卡板。为适应 H 型钢多种不同规格的需要，该卡板有一套三种规格，分别用于测量公称高度 H 为 200~250mm、250~400mm、400~700mm 的 H 型钢腿部斜度。

（4）平尺。

1）固定式平尺。该平尺有一套四种规格，分别用于测量 H100、H125、H150、H175 的 H 型钢腰部翘曲值。测量时用塞棒插入平尺与腰部之间的最大空隙处，从而得出测量结果。

2）伸缩式平尺。H 型钢产品规格很多，若每个规格做一个平尺，则数量太多，既不经济又不方便，所以采用了可调节长度的平尺。该平尺有一套三种规格，分别用于测量 H 为 200~300mm、300~500mm、500~700mm 的 H 型钢腰部翘曲。测量方式同固定式平尺。

（5）专用角尺。该角尺有一套两种规格（150mm×300mm、250mm×750mm），用于测量端面切斜。尺座上两面都标有刻度，可直接读出端面切斜数值。

表 4-2 专用量具简图

专 用 量 具		简 图
专用游标卡尺		
专用深度尺		
腿部斜度卡板		塞棒
平 尺	固 定	塞棒
	伸 缩	塞棒
专用角尺		

4.1.4 我国 H 型钢生产现状

长期以来，我国采用二辊孔型轧法，以平轧（或立轧）方式生产型钢，轧制时钢坯仅受到一个方向的压缩变形。平轧和立轧都是纵轧，平轧时轧辊呈水平布置（称为水平辊），用于轧制轧件上下面，减小轧件高度；立轧时轧辊呈垂直布置（称为立辊），主要用于轧制轧件的左右侧面，减小轧件宽度。二辊孔型轧法分为直轧法、斜轧法和弯腰斜轧法。

　　万能轧机大多是由一对水平辊和一对立辊组成，既能对轧件进行垂直方向压缩变形，又能对轧件进行水平方向压缩变形。和万能板坯粗轧机不同，万能轨梁轧机由一对水平辊和一对立辊（或一水平辊和一个立辊）组成，水平辊与立辊的轴线置于同一垂直面内，并且水平辊主动，立辊从动（即不由电动机驱动，而由轧件拖着转动），如图 4-1 所示。

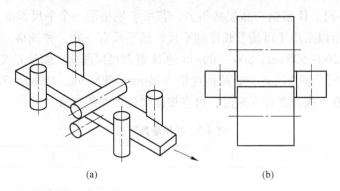

(a)　　　　　　　　　　　　　　　(b)

图 4-1　万能轧机
（a）万能板坯粗轧机；（b）万能轨梁轧机

　　自 1902 年卢森堡阿尔贝德厂建造了第一套万能轧机，轧出了第一根 H 型钢后，世界各国纷纷建造 H 型钢生产线，生产技术日趋完美。目前全球约有 20 多个国家生产 H 型钢，拥有 120 多套万能型钢轧机，生产能力为 3000 万吨左右。

　　20 世纪 90 年代初期，为满足我国 H 型钢市场的需求，国内几家钢厂先后利用 650 中型车间改造成 4 条小型 H 型钢生产线，但这些 H 型钢生产线由于投产时间较早、工艺装备水平较低、生产规格范围较小，且未形成系列化，投产后其售价高于工字钢导致市场开发难度增大，因此四套轧机在投产后均未形成生产规模。

　　1998 年，马钢引进我国第一条热轧 H 型钢及普通大型型钢生产线，年设计产能 100 万吨，生产规格范围为 H200~700。同年 11 月，莱钢从日本引进的 H100~350 小型 H 型钢生产线建成投产，设计能力年产 50 万吨。这两条生产线投产后，1999 年国内热轧 H 型钢的生产量达到 11.31 万吨，逐年递增的幅度也很大，2002 年已经增长到 117.53 万吨，超过年设计能力。"十一五"期间，国内又有多条热轧 H 型钢生产线相继建成或在建。山东日照 H100~350 生产线于 2004 年初投产。马钢小 H 型钢和莱钢大 H 型钢分别于 2005 年上半年和下半年相继投产，进一步扩大了产能，形成配套系列化生产。河北津西钢铁 H250~900 生产线于 2006 年 5 月投产，山西长治钢铁也在积极建设 H 型钢生产项目，鞍钢、包钢和攀钢的轨梁轧机进行了万能化改造，也可生产 H 型钢。

4.2　万能轧机设备

　　万能轧机的四个轧辊辊深轮廓形状不同，合拢时可以构成 X 形或 H 形的孔型，如图 4-2 所示。

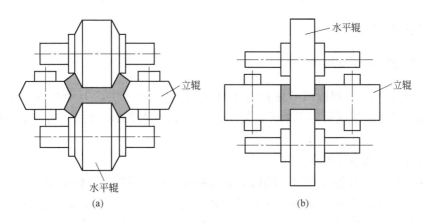

图 4-2 H 型钢万能轧机孔型

(a) X 孔型；(b) H 孔型

通常万能轧机的水平辊为主动辊，主要用来轧制工字形件的腰部；水平辊侧面与立辊配合轧制工字形件的腿部。调整上下水平辊之间的辊缝能够改变轧件的腰厚，调整水平辊侧面与立辊辊身之间的辊缝可以改变轧件的腿厚，调整左右立辊之间的辊缝能够改变轧件的腰高，所以万能轧机孔型共用性好。

万能轧机轧件腰部轧制类似于轧板，腿部轧制也可简单看做是轧板，但由于腰部与腿部连成一体，腰部与腿部变形和变形力互相影响，其规律比较复杂。

由于普通万能轧机只轧腰部和腿部，不轧腿端，无法控制腿的宽度和腿端形状，故在万能轧机之后需要设置两个水平辊构成的轧机——轧边机。万能轧机完成承担大变形任务，称为主机架（U）；轧边机仅完成次要任务，称为辅助机架（E）。主机架和辅助机架往往呈连续式布置，在变形道次较多、万能轧机数目较少时，连轧机常进行可逆轧制。

随着万能轧机连轧技术的进步，现已出现万能轧机与轧边机的连轧、万能轧机之间的连轧以及多机架混合的连轧。

万能轧机产品大纲的确定主要从品种结构、H 型钢尺寸范围、经济性来考虑，其品种结构分为三种类型：全部 H 型钢产品、H 型钢+普通型钢、H 型钢+重轨。

按热轧 H 型钢尺寸范围，经近百年实践已形成大致三种档次的轧制大纲：

（1）中小型 H 型钢轧机。腰部高不大于 350mm，腿部宽不大于 175mm。

（2）H 型钢与普通型钢或重轨混合轧机。腰部高不大于 600mm，腿部宽不大于 350mm。

（3）大型 H 型钢轧机。腰部高不大于 1200mm，腿部宽不大于 530mm。

按以上轧制大纲，从技术和经济界限考虑，水平辊直径已形成以下的三种对应模式：中小型万能轧机辊径不大于 1200mm，大型万能轧机辊径为 1300~1650mm。

万能轧机有多种结构，早期机架多为闭口式，以后演变为开口式。20 世纪 70 年代出现了预应力式、连接板式和紧凑式轧机。各种轧机均能满足中小型万能型钢生产要求。连接板式、预应力式、紧凑形式等不同结构的万能轧机，虽然结构紧凑、刚性好，但需整机架换辊，因此设备多、投资大，不适用于大型 H 型钢及重轨轧机。目前大型 H 型钢轧机和轨梁轧机普遍采用最新出现的 CCS 轧机。

4.2.1　万能轧机类型

4.2.1.1　SC 型万能轧机

SC 型万能轧机是由德国西马克公司（SMS）设计，用于生产 H 型钢和中型型钢的一种新型机座。这种轧机既可作万能轧机使用，又可作二辊普通轧机用，适应于多种产品的生产。

A　SC 型工作机座的结构

如图 4-3 所示，SC 型工作机座的机架 6 有两片相同的牌坊，经横梁相互连接。这两片牌坊不是像普通的轧机牌坊那样布置在轧辊的一左一右，而是装在轧辊的一前一后。这样，当机座作为万能轧机使用时，机架的两片牌坊在水平辊和立辊的轧制力作用下处于平面受力状态，使整个机架的强度和刚度得到提高。牌坊和水平辊组（包括横梁）用连接板 3 连接；连接板设在牌坊内，并且由偏心销轴 5 与牌坊连接，而连接板的另一端与轴承轧辊系统 1 用可移动销轴连接，可移动式销轴 2 沿其轴向可在轧辊系统的横梁内移动。立辊轴承座和牌坊的连接也采用相同的方法，即由连接板和销轴连接。连接板可以自动调整，使轧辊产生弯曲变形时，轧辊轴承不产生倾斜力矩。通过蜗轮蜗杆机构 4 可以转动偏心销

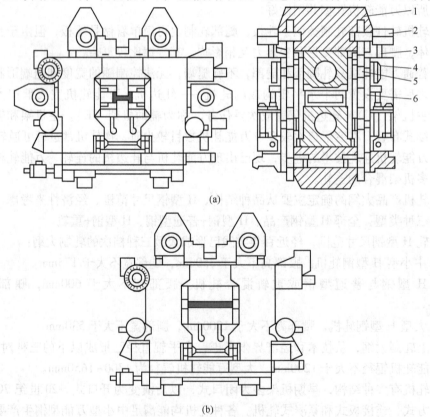

(a)

(b)

图 4-3　SC 型万能轧机结构示意图
(a) 万能机座；(b) 二辊机座
1—轴承轧辊系统；2—可移动式销轴；3—连接板；4—蜗轮；5—偏心销轴；6—轧机机架

轴5,进而改变上下水平辊间的开口度,达到调整压下量的目的。这样,由以前的闭口式机架上设置压下螺丝来调整辊缝的方式,改成偏心轴的方式,轧机在结构上更加紧凑。

B 轧辊的调整和换辊

SC型轧机的连接板和销轴,实际上就是轧辊的调整元件。当电动机通过蜗轮蜗杆机构带动偏心轴销转动时,连接板和可移动销轴便带动轧辊组上下移动(立辊在水平面内左右移动),实现水平辊的径向调整或立辊的开口度调整。这种轧辊的调整元件结构简单,可完全防止脏物进入损坏机械,其偏心销轴很容易快速更换。轧辊可以带负荷调整。由于水平辊和立辊的调整都是对称的,故调整轧辊时轧制线不变。此外,断开偏心销轴传动机构中的同步轴上的离合器,便可单独调整水平辊的一侧,进而调整上下水平辊的平行度。

SC型轧机机架的顶部和侧面都是开口的,故更换水平辊和立辊都很方便。为了换辊,几个可移动的销轴用一个液压缸移开,使轧辊系统可自由移出。此结构也可实现机械化换辊操作,只需按一下移动销轴的按钮,轧辊轴承系统即与机架松开,水平辊便能从机架顶部移出而不必经过侧面窗口。这有别于一般机架,因此,SC型轧机中可采用较大的轧辊,其直径不受机架窗口宽度的限制。

C SC型轧机的优点

(1)轧机尺寸小,刚度大,产品精度高。图4-4是SC型轧机与普通万能轧机变形曲线的比较。从图中可见,SC型轧机的弹跳曲线从零负荷开始几乎为一直线。这说明轧辊调整时,可预先不考虑牌坊的变形量,从而可提高产品尺寸精度。

(2)换辊简单,并且可以实现快速换辊。因此,使联合式(万能/二辊)SC型轧机改型,即由万能式转换为二辊式,或由二辊式转换成万能式很容易,只需要更换相应的轧辊系统即可。

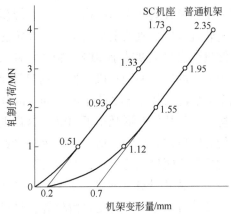

图4-4 SC型轧机变形曲线

(3)有轧辊对称调节和平行调节系统,并且可以实现带负荷调整,产品尺寸调整方便快捷。

(4)调节元件带有严密的防尘和防损坏装置,维护工作量小。此外,轧机重量轻,总的高度小,使厂房和基础简化,投资减少。

4.2.1.2 UD型万能轧机

UD型万能轧机也是SMS于20世纪70年代初设计制造的,用于中型轧机的连轧机组,生产中型H型钢、槽钢、角钢、扁钢和方圆钢。

A UD型万能轧机结构

UD型万能轧机由三部分组成:机架下部带水平辊的轴承座、机架上部带上水平辊的轴承座、带立辊的中间部分。

这三部分通过四根液压预应力拉杆连接起来,构成万能轧机。四根拉杆又可由轧机侧边旋转摆出,使机座分成三个独立部分;抽掉带中间立辊的部分,就变成二辊轧机。由于拉杆施加了预应力，这分开的三部分在拉伸性能方面相当于闭式机架轧机。

UD 型轧机的水平辊采用四列短圆柱滚子轴承，其轴向力由另外的滚子轴承来承担；轴承的内圈很松地装在轧辊的辊颈上，外面由圆螺母压紧。拆卸时，略松几扣取下圆螺母，即可推动整个轧辊轴承座组件（包括密封圈和轴承座）从轴颈退出。每个立辊则采用两个单列的圆锥滚子轴承。

B　轧辊的调整

通过蜗轮蜗杆传动的压下螺丝，可以单独调整上下水平辊，其径向（辊缝）的调整量能满足轧制各种不同尺寸的型材及轧辊重车的需要。立辊的压下装置也采用电动机驱动，实现快速调整；每个轧辊可以单独调节，也可以同步调节；需要时还可以带负荷压下。上下水平辊在非传动端使用双杠杆装置进行轴向调节，上水平辊和立辊均采用液压平衡。

C　UD 轧机的优点

（1）机架刚度大，产品精度高。在生产腰部高而薄、尺寸要求精确和表面质量良好的 H 型钢时，轧辊的弹跳量小于 H 型钢的腰厚公差。为此，通常是采用加重的闭口式牌坊来增加轧辊最大直径，这样就使牌坊总的尺寸增大，结果又损失了一部分刚度。而 UD 型轧机采用了分开式预应力结构，一方面带预应力增加了机座的刚度，另一方面这种分开式轧机的轧辊可以从机架上部吊出，其牌坊的窗口尺寸只按轧辊轴承座的大小设计即可，这样可使机架窗口宽度减小 40%，牌坊立柱长度缩短 20%，进一步提高了机架的刚度。例如，一个典型的中型型钢轧机，如果机架为闭口式，其窗口宽度约为 1000mm，而相当的分开式 UD 型轧机窗口宽度只有 600mm，故横梁的弯曲挠度可以减小为闭口式机架的 21.6%，牌坊立柱的拉伸变形减小了 20%。这说明，使用相同断面的立柱和横梁，UD 型轧机的刚度约为闭口式轧机的 3 倍，大大提高产品的尺寸精度。而在相同刚度的情况下，UD 型轧机的重量比闭口式轧机轻，节省投资。

（2）采用分开式机架，材料选择合理。UD 型轧机由多个受力不同的部件组合而成，每个部件可根据不同的受力情况选择材料。例如：承受拉力的拉杆选用优质锻钢，受压的牌坊则可采用铸钢。

（3）一机多用，减少了机座种类，方便了维修。一般单一设计的轧机，采用平立交替布置的二辊轧机生产槽钢、角钢、扁钢、T 型钢和方圆钢，而用万能轧机生产 H 型钢和槽钢。这样，一个工厂为了满足这些品种的需要，就要有万能轧机和二辊轧机两轴承座形式。而 UD 型轧机是联合式的，既可做万能轧机，又可作二辊轧机，从而减少了备品备件数量，方便了维修工作。

（4）实现快速换辊和快速换机座。UD 型轧机换辊或转换机座，都先要放松预应力拉杆，将其旋转摆出轧机侧边。为了实现快速换辊和快速转换机座，UD 型轧机采用了液压方法对拉杆进行拉伸，给轧机施加预应力，与采用人工调节螺母对机架施加机械预应力相比，其预应力可以快速卸荷，这为换辊或转换机座提供了快速的可能性，使转换一次机座只需 30 min。这有利于处理轧废事故。当轧废事故发生时，在压下螺丝不改变位置的情况下快速松开拉杆，排除事故，然后对拉杆再施加应力，马上就可以恢复生产。另外，UD 型轧机还可以整机拉出生产线，在线外进行轧机的调整或换辊，进一步提高生产线的作业率。

4.2.1.3　CU型万能轧机

A　CU型万能轧机结构

图4-5是CU型万能轧机结构图。此轧机的最大特点是没有机架，并且采用预应力的拉杆。

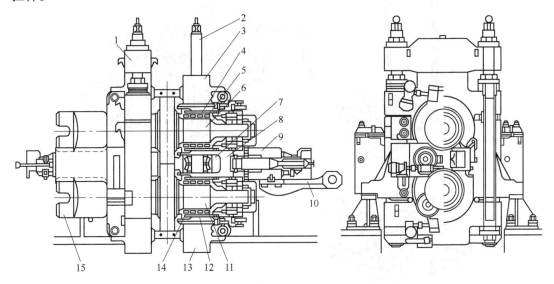

图4-5　CU型万能轧机结构示意图

1—预应力架；2—预应力杆；3—上水平辊轴承座；4—偏心套；5—滚子轴承；
6—上水平辊；7—立辊；8—立辊轴承座；9—中间牌坊；10—机座移动臂；
11，14—下水平辊；12—偏心套；13—下水平辊轴承座；15—轧辊接头

CU型万能轧机由上水平辊及轴承系统、中间牌坊装置、下水平辊及轴承系统和预应力拉杆组成。上下水平辊及轴承系统由轴承座、四列短圆柱滚子轴承、偏心套、双列圆锥滚子轴承及水平辊组成。其四列短圆柱滚子轴承承受轧制力，双列圆锥滚子轴承则承受由于轧辊窜动引起的轴向力。偏心套用来调节辊缝。中间牌坊装置是一个中间装有两垂直轧辊的水平放置的牌坊，用以轧制H型钢的上下端面。这三个部件系统由四根拉杆采用预应力方式连接，即上水平辊系统的轴承座、中间牌坊的水平机架和下水平辊系统的轴承座，通过一个施有大于轧制力的预应力的拉杆连接起来，借此防止任何轧机结构的松动，同时减小由于轧制力而产生的机械变形。

CU型轧机各部分分解情况，如图4-6所示。CU型轧机的辊缝控制是用偏心套完成的，这样就省去压下的螺丝和螺母，使水平辊缝的调节更加方便。一个大直径的螺丝螺母装置可以精确地对轧辊进行轴向调整，使上、下水平辊的孔型位置精确对正。中间牌坊是一个独立装置，因而，CU型轧机也可以像UD型轧机一样，去掉中间牌坊，成为普通的预应力二辊轧机。

CU型轧机还配有机座快速更换装置。在维修车间装配好的备用轧机可以放在自动机座快速更换装置上随时备用，一旦需要，就可以在最短的时间里将备用轧机整机安装在轧制线上。机座快速更换装置的应用，大幅度降低了生产的辅助时间，提高了生产率。

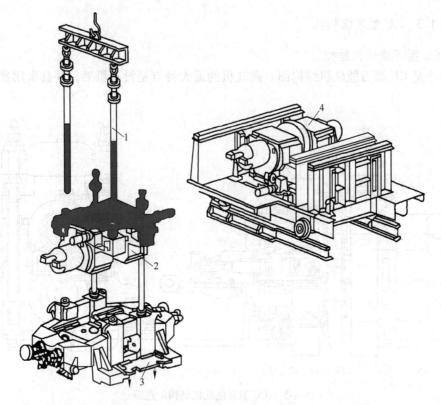

图 4-6　CU 型轧机分解图

1—预应力拉杆；2—上辊轴承座；3—中间牌坊；4—下辊轴承座

B　CU 型轧机的特点

（1）CU 型轧机采用了预应力拉杆和无机架结构，缩短了应力传递路线，使轧制过程中产生的变形和窜动明显下降，提高了轧机刚度。在轧辊直径相同的条件下，CU 型轧机的变形仅为普通轧机的 66%，无机架一项就减少变形 21%，使轧机刚度提高 50%~80%，大大提高了产品的尺寸精度。

（2）采用了偏心套式的辊缝控制装置，使轧辊的位置调整变得既简便易行又准确可靠。

（3）配备了快速换辊（机座）装置，使轧机的生产能力和生产效益大大提高。

（4）与相同辊径的普通轧机相比，CU 型轧机的体积及重量比普通轧机小很多。因而，减少了土建规模和总的投资。

4.2.1.4　CCS 轧机（紧凑卡座式轧机）

CCS 轧机驱动侧和操作侧两片牌坊由 4 根拉杆连接，拉杆由液压预紧。换辊时拉杆被放松，操作侧牌坊、轴承座和辊系一起被移出机座。轧机操作侧设置液压驱动的夹紧板，夹紧板对轧辊轴向定位。轧辊轴承座外设置夹紧板可防止轧辊滑出轧机牌坊窗口。

由于操作侧的牌坊是可移动的，CCS 轧机两片牌坊间距可调，可适应万能轧机转变为二辊轧机时轧辊长度增加的情况。

CCS 轧机导卫装置安装在水平轧辊轴承座支撑梁上，轧辊和导卫在轧辊准备区预装、预调节，无需在轧机内更换或调整导卫，也不需要专用导卫更换装置。

4.2.2 万能轧机轧辊

4.2.2.1 水平辊

由于受到机架牌坊窗口高度和立辊轴承高度的影响，万能轧机水平辊具有以下三个特点：

（1）辊身直径大。辊身直径与其他部位直径的比为 $\phi1400/\phi750 \sim \phi1290/\phi750$，即 1.87~1.72，这个比值较普通轧辊为大。

（2）轧辊辊身宽度小、体积小。辊身重量只占整个轧辊重量的 20%~50%。

（3）轧辊重车率极小，重车率仅 7.86%。万能轧机的水平辊和立辊的轴线在同一垂直平面内，立辊必须安装在水平辊之间，这就造成了水平辊的辊颈比普通轧机的辊颈细得多。对于成品以前的各孔型，水平辊辊身侧面有一定的斜度，立辊辊身也有相应的斜度，热轧过程中，水平辊除承受垂直轧制力外，辊身侧面还承受与其垂直的力（见图 4-7）。该力对水平辊强度并无大的影响，但对轧辊的侧壁磨损和轧件的咬入影响相当大。侧壁斜度愈小，磨损愈严重，咬入愈困难，可见，成品孔型的轧辊磨损最严重，咬入最困难。

水平辊材质为高合金钢，价格较贵。立辊的安装，使水平辊的车削量受到限制，一般重车率为 8% 左右。因此，辊子在磨损程度不大时就需换辊，造成很大浪费。采用组合式水平辊（见图 4-8）可以降低成本。组合辊的辊套采用高合金材料，辊轴采用韧性锻材，该轧辊重量轻，轧辊的消耗比普通轧辊可降低 70%。

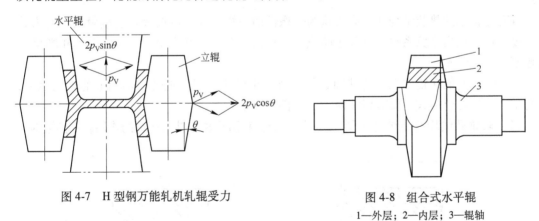

图 4-7 H 型钢万能轧机轧辊受力

图 4-8 组合式水平辊
1—外层；2—内层；3—辊轴

A 水平辊主要形式

万能轧机水平辊主要有三种形式：整体式、组合式和辊身宽度可调式。

（1）整体式水平辊。整体式水平辊为早期生产的轧辊，采用单一材质静态浇铸而成，轧辊制造工艺比较简单。当辊身重车到最小直径时，整个辊子便报废了。

（2）组合式水平辊。组合（镶套）式水平辊为目前万能轧机普遍采用的轧辊。辊套和辊轴分开制造，然后将辊套以热装或黏结或热装加黏结的方式固定在辊轴上。当辊身重车到最小直径时，以热装的反过程或车削或快速加热爆裂（取决于辊套材质）等方式将辊套从辊轴上取下。只要辊颈不发生疲劳裂纹，辊轴表面经修磨后可重复使用 3~4 次。

（3）辊身宽度可调式水平辊。为满足轧制 H 型钢外形尺寸一定、腰部内高变化的要求，以及减少因轧制不同产品系列所需的轧辊数量，使至少一侧辊套可在轴向上移动，通过调节辊套外侧的螺母确定左右辊套外侧面间的距离（对应于 H 型钢的腰部内高），同时向两辊套之间的中空液压腔施加压力油获得与轧制载荷相反的平衡力，进行稳定的 H 型钢轧制。

B　组合式水平辊材质

组合式水平辊辊套和辊轴是分开制造的。辊轴常采用的有锻钢轴和铸钢轴两类。对辊轴的要求是具有高的强韧性。锻钢辊轴调质处理后综合力学性能好，常采用中碳合金钢材质。铸钢辊轴可采用低碳半钢材质，其抗拉强度可达锻钢辊轴水平。

辊套有多种不同形式。最常见的是半钢辊套，以热装的形式固定在辊轴上。这种辊套具有较好的综合性能，即适中的耐磨性和强韧性。所以能满足较高的轧制要求和承受轧制负荷及热装配合工艺产生的应力。还有一种辊套是高铬铸铁辊套。H 型钢万能水平辊产生的腰部变形类似于热轧薄板变形，薄板热轧辊采用高铬铸铁材质。将其用于水平辊套，在充分水冷的情况下效果很好。另外还有复合离心浇铸辊套，复合形式有钢-钢复合、钢-铁复合和铁-钢复合。

C　辊套与辊轴的装配

a　热装配

轴套以一定的过盈量热装在辊轴上即为热装配。过盈量取决于辊套的弹性模量、强度、辊套厚度以及所承受的各种应力。热装既要保证辊套在辊轴上不打滑又要保证辊套不破裂。

辊套与辊轴的热装结合面，有人认为需像镜面一样光滑，以增大热装接触面，有人认为粗糙一点可提高摩擦系数，有利于防止辊套打滑。在实际操作中，热装结合面粗糙度一般控制在 $1 \sim 10 \mu m$。

为了使辊套能在辊轴上快速准确定位以及防止可能出现的辊套在辊轴上的轴向运动，套与轴之间的配合形式主要有以下两种（见图 4-9）：

（1）辊轴两侧均有凸缘（见图 4-9a），起定位和防止辊套轴向运动的作用。在热装时，

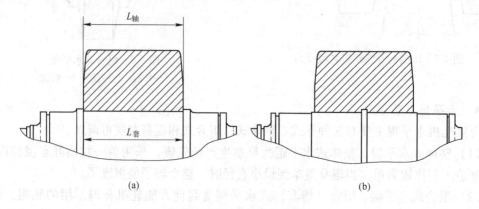

图 4-9　辊套与辊轴配合形式

要使

$$L_轴 = L_套 + a$$

式中　a——辊套加热后的膨胀量。

（2）定位和防止辊套轴向运动的凸缘（相当于键功能）位于辊轴中部（见图4-9b），辊轴凸缘左右侧及对应结合的辊套凹槽左右侧的直径不一样。装配时，辊套及辊轴直径小的一端总是放在下面，如图4-10所示。

不论采用哪种装配形式，结合面的机加工从更好的技术可行性来说，总是先加工辊套，然后再加工辊轴。辊套加热可采用天然气罩式炉或车底式电阻炉等，但不能在油浴中加热，否则热装后的辊套在使用中会打滑。加热速度根据辊套材质、规格等因素控制在 $10\sim50℃/h$。辊套加热到预定温度后须保温 10h 以上。辊套加热后的内径与辊轴外径间的间隙必须保证辊轴能顺利放进辊套，千万不能卡轴。

辊套装在辊轴上后，采用缓冷措施冷却到室温，热膨胀产生的间隙全部消失，只剩下过盈量产生的应变。这时，可将镶套水平辊从热装装置上取下，装配过程中的温降一般按 $50\sim80℃$ 考虑。

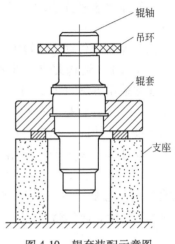

图 4-10　辊套装配示意图

b　黏结装配

辊套与辊轴的黏结装配适用于合金含量高、导热性能差的高铬铸铁轧辊。辊套与辊轴的黏结面需刻花加工处理。辊套慢速加热至一定温度并在该温度下保温。将涂好黏结剂的辊轴用吊车吊起对准辊套中心孔放下。由于辊套加热后温度较高，辊轴上黏结剂受热后流动性增大，这样黏结剂在黏结面上分布均匀。为了增加黏结力，黏结剂中须放入一定量细小金属颗粒和硬化剂等添加剂。与热装一样，为使辊轴顺利放入辊套中，辊轴与辊套之间还须考虑一定量的间隙，避免卡轴。当辊套黏结到辊轴上后，套与轴结合缝处还需用胶封住，以防轧辊冷却水侵蚀接合缝。

对于一个新建的万能型钢厂，只有通过轧制实践才能发现轧辊的选用是否合适，才能提出改进方向，最终提高轧辊的使用寿命，轧出合格的 H 型钢产品。

4.2.2.2　立辊

立辊装于立辊箱内，拆装时，卸下箱盖，将立辊轴从下部抽出，立辊套从侧面取出。立辊也是组合式，由轴套和辊轴组成，采用滚动轴承连接。轧制时，立辊承受水平力。

H 型钢腰部的高度、腿部的宽度对机架及轴承结构有很大影响。腿部宽度增加，立辊的高度要增加，轴承的宽度及支座的厚度也要增加。但受到水平辊限制，立辊及轴承座所占空间较小。水平辊在轴颈处安装了双列圆柱轴承，克服巨大的径向负荷，在两端安装了止推轴承，克服轴向负荷，如图4-11所示。立辊采用双列短圆柱轴承。空间过小时，也可以采用滚针轴承。

4.2.3　H型钢万能轧机的主传动

H型钢轧机有两个水平辊和两个立辊，水平辊直径远大于立辊直径。设计过程中，要求两对轧辊线速度相等，为此，有两种方案：

（1）水平辊和立辊均有其单独的传动系统。

（2）水平辊传动，立辊被动。

方案（1）结构复杂，难以布置。因此，通常采用方案（2），如图 4-12 所示。方案（2）的缺点是当轧件温度较低时，咬入困难。轧件进入孔型时产生很大的摩擦力，轧件头部易劈裂和剥落、碎片粘到轧辊表面上。因此，采用方案（2）时终轧温度不宜过低。方案（2）还可以保证两对轧辊同步，简化结构。

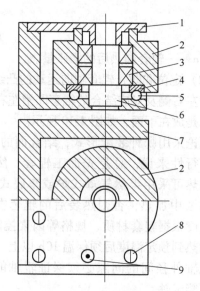

图 4-11　立辊及立辊箱装配
1—箱盖；2—立辊套；3—轴承；4—垫块；
5—止推轴承；6—立辊轴；7—箱体；
8—螺钉；9—定位销

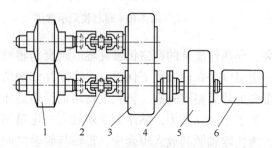

图 4-12　H型钢万能轧机主传动
1—水平辊；2—万向连接轴；3—齿轮机座；
4—联轴器；5—减速机；6—电动机

4.2.4　导卫

万能轧机和轧边机均设有进出口腹板导卫，由液压锁定，上腹板导卫用液压缸有级调整，下腹板导卫为电动方式无级调整。万能粗轧机与轧边机之间有下腹板导卫，与轧机进出口下腹板导卫相接，同其一起调整。轧机腹板导卫水平与水平辊压下同步调整。

万能轧机均设有进出口侧导板和机架内导板，该机架内侧导板与立辊轴承座装配在一起，轧边机架内侧导板，万能粗轧机与轧边机之间设有中间侧导板。升降辊道上侧导板一端、万能轧机机架内侧导板和中间侧导板的两端开槽。万能轧机进出口侧导板和轧边机机架内侧导板两端为铰链头。

万能粗轧机入口侧导板一端与升降辊道上侧导板连接，另一端与万能轧机机架内侧导板连接。出口侧导板一端与万能轧机机架内侧导板连接，另一端与中间侧导板连接。这种连接方式，使万能粗轧机组的侧导板构成一整体，并可快速更换侧导板。

万能粗轧机前后升降辊道上侧导板由液压调整，万能粗轧机机架内侧导板随立辊侧压下一起调整，中间侧导板分别由四个液压缸调整，并且升降辊道上侧导板和中间侧导板同立辊侧压下同步调整。这样，万能粗轧机组的侧导板以整体方式同步调整。

万能精轧机进出口侧导板分别与轧机前后升降辊道上侧导板和机架内侧导板连接，构成一整体，又以整体方式同步调整。

万能轧机进出口腹板更换是用单梁吊车及专门吊具由人工操作，先吊走中间腹板导卫，再依次吊走上腹板导卫和下腹板导卫。通常，同一品种同一规格换辊时，腹板导卫可不更换；不同规格换辊时，与轧辊一起更换。

轧制 H 型钢和工字钢，万能轧机侧导板组一般不需要更换。侧导板更换必须同轧辊更换一起进行。首先用单梁吊车吊走各架万能轧机进出口侧导板，再降下中间侧导板，万能轧机机架内侧导板随万能辊系一起由换辊小车抽出轧线，轧边机机架内侧导板在轧边机水平辊抽出轧机后，沿轧制线抽出轧边机，然后用单梁吊车吊走。

由万能法换为孔型法轧制，腹板导卫和侧导卫板组均被更换。万能轧机前后安装导卫框架，由液压锁定，导卫板固定在导卫框架上。轧边机轧辊抽出，用自由辊填补，在 UR$_1$（第一架万能粗轧机）和 E（轧边机）、E 和 UR$_2$（第二架万能粗轧机）间设置中间导槽。此时，万能轧机前后摆动辊道上的侧导板用来移钢并导向。导卫板和导卫框架在轧辊间的空机架上进行预安装调整。

轧边机的导卫装置主要包括三个部分，即中间侧导板、上腹板导卫和下腹板导卫。现分别介绍如下：

（1）中间侧导板。在轧制过程中它与轧件的翼缘外侧直接接触并起导向作用，这对侧导板的内侧宽度随着产品腹板宽度变化而变化，它没有直接的驱动装置，而是通过两端 UR$_1$ 和 UR$_2$ 的护板移动。为了增加侧导板的稳定性和减少铰接处的重荷，在机架两侧各设有 2 根导向支撑梁（前后共 4 根）。支撑梁本身是由固定在机架上的滑动轴套支撑的。支撑梁在侧导板做往复运动时始终支撑着侧导板，大大提高了侧导板工作的稳定性，同时使侧导板的重量不再由 UR$_1$ 和 UR$_2$ 护板来承受，这也改善了 UR$_1$ 和 UR$_2$ 中间护板的工作条件。

（2）上腹板导卫。在轧机的入口和出口侧都设有上腹板导卫。它的作用是使轧件能正确咬入和抛出。上腹板导卫紧贴于上辊的部分辊面上。它是通过挂在机架上部的主液压缸驱动偏心轴转动一角度，从而使挂在偏心轴上的上腹板导卫可以有一定高度升降调节。上腹板导卫的高低位置由偏心轴来固定，以适应轧制线标高的变化。利用导卫的偏重使导卫尖部紧贴在上辊上。另外还有两辅缸机构将腹板导卫夹紧在偏心轴上，以保证腹板导卫的中心位置的对中性。在换辊时为了不致使腹板导卫因自重而使尖部过分上翘，故在机架上还设有小液压缸将上腹板导卫压住，从而对上腹板导卫尖部上翘起到限位的作用。从以上不难看出，轧边机的导卫系统是比较复杂的。

（3）下腹板导卫。轧边机 E 的下腹板导卫从结构上看比上腹板导卫要简单些，但工作原理是相似的。它是由机架顶部的电动机通过蜗轮副传动系统使拉杆能够升降，从而带动下偏心轴转动，使挂在偏心轴上的下腹板导卫的位置能随偏心距大小变化而变化，从而适应轧制线标高的要求。同样，它也利用导卫的偏重（尖部重）使导卫的尖端贴于下辊的上表面。在换辊时为了不因导卫偏重而掉下，在机架上同样设有一小液压装置来支撑下导卫的旋转，对下腹板导卫起限位的作用。下腹板导卫的作用也是对轧件进行导向，保证轧件的稳定咬入和轧制。

腹板导卫是专门用于生产 H 型钢的专用导卫，轧制过程中，腹板导卫随水平辊的压下而自动调整，从而引导腹板正确进入轧机。根据资料介绍，轧制时对上腹板导卫要求不高，与轧件的内侧可有一定的间隙，不接触轧件，对轧件对中所起作用较小。而对下腹板导卫要求较高，轧小规格时间隙为5~6mm，轧大规格时间隙为50mm。轧机咬入前，下腹板导卫与轧件（腹板）接触，咬入后，正常轧制时，有5~6mm的间隙。

由于上述原因，一个型号的腹板导卫可能覆盖数个品种的H型钢，具体的对应关系在生产实际中予以确认。

上下腹板导卫的更换是在线进行的，换辊时，如需更换腹板导卫，用单梁吊车通过专用吊具人工操作。更换下腹板导卫时，必须先将上腹板导卫吊走。腹板导卫的转变和修磨工作与普通型钢导卫一样，是在轧辊间进行的。

轧制普通型钢时，导卫是固定在导卫框架上的，轧辊间根据生产计划进行导卫的预组装和预调整，上述工作在空机架上完成。组装好的导卫框架吊至框架存放区待用。换辊时，用单梁吊车将其安装在轧机的进出口，导卫框架通过两个液压缸固定在机架上。

4.2.5　万能轧机布置形式

4.2.5.1　大型H型钢轧机布置

大型H型钢轧机和重轨轧机数目少，大多采用串列布置。万能轧机U、轧边机E、万能轧机U三机架连续式（简称UEU），并采用X-H可逆轧法，已成为大型H型钢和重轨精（中）轧机组布置的首选方案。UEU布置方式产量较高，每往复一次可提供两个万能道次，减少了往复次数，缩短了粗轧机的轧制节奏，轧件温降小，具有生产轻型薄壁钢材的可能性。

4.2.5.2　中小型H型钢轧机布置

由于型钢断面形状复杂，各部分变形不均匀，温度不均匀，轧辊磨损不均匀，保持"秒流量相等原则"较难，加之型钢尺寸和形状在受拉受压易变化，型钢进行连续轧制较板材连轧困难。型钢连轧机只适合生产特定的品种规格，仅中小型型钢轧机采用全连续式布置。

A　粗轧机组

粗轧轧机布置形式有以下几种类型：

（1）1个可逆机架。适合于轧机产量低（约160t/h）且产品方案中包括单位长度重量很轻的产品，即小号H型钢。

（2）2个可逆机架串列布置或平行布置。大号H型钢（$H=400$mm）且轧机产量不太大时，采用2个可逆机架。因为它允许轧制很多道次，总的机架数很少。串列布置时，每个机架的轧辊孔型不同，粗轧机组可轧很多道次。2个可逆机架串列布置与1个可逆机架相比，产量几乎没有变化，因为当轧制3道次时，第2架很快变成薄弱环节。

2个可逆机架平行布置时，2个机架轧辊孔型相同，每个机架都可按相同的程序轧制，一架用于轧制，另一架则用于下根钢轧制准备。2个可逆机架平行布置适用粗轧机组只需轧3道，或道次多、批量很少的情况。

生产轻型产品，但产量要求很高时（大于200t/h），可在可逆机架后增加两架非可逆机架。

（3）1个可逆机架和2个非可逆机架跟踪式布置。可逆机架一般轧3道，另2个不可逆机架各轧 1 道。2 个不可逆机架不形成连轧,意味着孔型设计不受机架布置的影响,需要时可翻钢,但机组占地长,轧件在各机架间有很大的降温。

(4) 多机架连续式布置。生产率最高,温度控制最佳,可轧制壁薄断面,得到精密的尺寸公差和优良的表面,对钢坯长度没有限制。这种机组必须采用立辊机架,因为轧件断面太大不能翻钢。轧制大号 H 型钢时轧制道次不够多,很难有最佳的机架布置。此外,立辊机架的正确位置难以确定,投资大。

B 精轧机组

生产壁薄轻型 H 型钢,关键是抢温,即要努力减小轧件在轧制过程中的温降。为得到最好的质量(包括尺寸公差、表面精度和内部质量),必须使轧件全长和全断面温度均匀。为满足这些要求,根据中小型型钢轧机布置特点,中小型 H 型钢精轧机组采用全连续式布置。

连续式精轧机组至少有 4~5 个主机架和 2~3 个辅助机架。

当产品方案中没有工字钢时,精轧机组全部采用二辊机架;有工字钢时,则应采用联合式机架为主机架。这种机架既可作万能机架轧制 H 型钢、工字钢、槽钢,又可转换为二辊式机架轧制其他型钢。

若主机架不是联合式,则按常规要用二辊立式机架作辅助机架。若主机架为联合式,辅助机架采用翻转机架,则除轧制工字钢外,还可以生产圆钢、扁钢等产品。当用做立辊机架时可用来轧制圆钢、扁钢、T 型钢和槽钢。当轧制这些产品时,在主辅机架间及辅助机架间形成活套。这要求主机架和辅助机架拉开足够大的距离,因此,辅助机架被设计为双座式而不是翻转机架。该辅助机架不论作平辊机架还是立辊机架,都用同一传动。其立辊机架是装在不同的地脚板上,这样,当轧制工字钢时,主机架与其后的辅助机架相距很近,而辅助机架与其后的主机架较远。当轧制圆钢时,这两个距离都相等。这样机架间可采用活套装置。这种双机座机架和翻转式机架的投资大致相等。

若产品方案只限于工字钢和槽钢,则辅助机架应设计成平二辊轧边机架。

精轧机组万能轧机越多,第一万能孔来料就越宽、越低。这增加了粗轧机组的轧制道次,并影响该机组的生产能力。在可能情况下来料边长比不应超过 1:1.30。另外,粗轧中间坯越宽,粗轧轧槽就越宽,造成粗轧轧辊排孔困难。

表 4-3 列出了三种尺寸的成品 H 型钢,由于万能轧机架数不同,所需的来料断面也不同。该表显示 9 个机架对轻型产品太多。对单重较大的 H 型钢采用 7 或 9 个万能轧机较为有利。

表 4-3 第一万能孔来料断面   mm

万能机架数	H80	H140	H270
7	130×75	180×125	—
9	175×65	250×110	310×250
11	—	—	380×240

精轧机组的主机架数根据轧机产量和产品种类而定。4 个主机架是最少的数量。精轧机组的主机架数决定了轧边机架数,轧边机至少需要 3 个,最多 4 个或者 5 个。在精轧前必须轧边 1 次,可能时在倒数第二孔前还要轧边 1 次。此外,经主机架轧后若不立即轧边

也最多不能超过 3 道。

4.3　大型 H 型钢生产

各条 H 型钢生产线的流程基本相同，从大工序看为：加热→轧制→精整。下面以马钢大型 H 型钢车间为例介绍现代 H 型钢生产流程和设备参数。

4.3.1　车间生产过程

马钢大型 H 型钢车间平面布置见图 4-13，生产流程见图 4-14。车间年设计生产能力为 100 万吨。

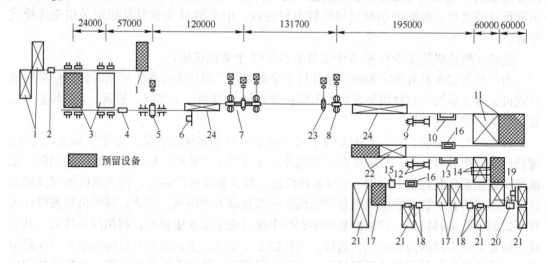

图 4-13　马钢 H 型钢车间平面布置图

1—上料台架；2—原料秤；3—加热炉；4—高压水除鳞装置；5—二辊粗轧机（BD 机）；6—舌头锯；
7—万能粗轧机组；8—万能精轧机；9—定尺热锯（一台移动，一台固定）；10—热锯定尺机；
11—60m 长步进式冷床；12—冷定尺锯（一台固定，一台移动，移动锯为预留）；13—冷锯定尺机；
14—表面质量检查台架；15—剖分机；16—辊式矫直机（预留）；17—堆垛收集台架；18—打包，称重机；19—改尺冷锯；
20—压力矫直机；21—成品发货台架；22—成排收集台架；23—轧边机（预留）；24—横移台架

4.3.1.1　主要产品

（1）H 型钢（mm）：钢梁 HZ220×110～600×220，钢柱 HK152×160～620×305，钢桩 HU200×204～350×350。

（2）普通型钢（mm）：工字钢 250～560，槽钢 200～400，角钢 160～200，L 型钢 250～400，球扁钢 200～270，钢板桩 400×44.5～400×150。

产品定尺长度通常为 6～15m，最长为 25m。主要钢种为碳素结构钢、低合金结构钢、桥梁用结构钢、船体用结构钢、矿用钢及耐候钢。

4.3.1.2　坯料

坯料尺寸（mm）：宽×高×腰部厚度为 750×450×120 和 500×300×120 两种异型坯和 380×250 矩形坯。坯料长度 4200～11000 mm，坯料重量 3200～13400kg，综合成材率

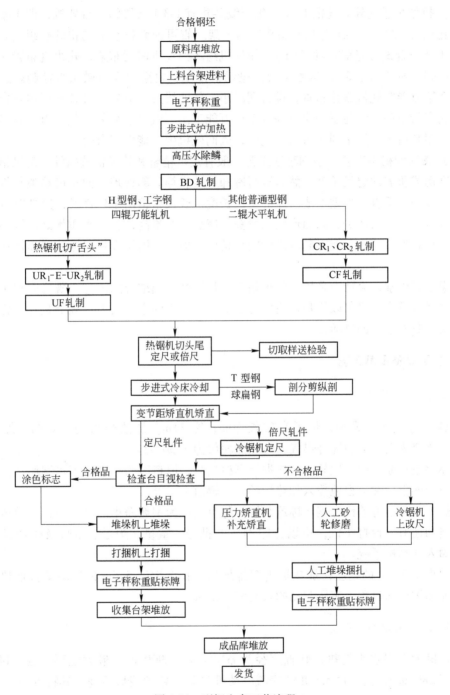

图 4-14　型钢生产工艺流程

94.5%。设计中，还留有采用 1250mm×220mm 和 1400mm×220mm 板坯生产 H 型钢的可能。

4.3.1.3　主要工艺特点

（1）全部采用异型坯轧制 H 型钢。

（2）机架可逆连轧。马钢 H 型钢生产线共建有 1-3-1 布置的 5 台轧机，即 1 架二辊可逆开坯轧机（BD）、2 架组合式万能轧机和 1 架二辊可逆轧机组成的粗轧机组（UR_1、E、UR_2）、1 架组合式万能精轧机（UF）。粗轧机组 3 架轧机串列布置，轧边机布置在 2 架万能轧机中间，机架间距 6m，各由 1 台主电动机拖动，机架间实行微张力控制。这种布置方式较 2 架万能粗轧机跟踪布置，设备间距小，作业线短，节省了设备与厂房投资。这种布置方式产量较高，每往复一次可提供 2 个万能道次，减少了往复次数。由于开坯机轧制异型坯，粗轧机组采用串列布置可逆轧机，因而轧机生产能力富余较大。

（3）灵活的精整工艺。型钢精整工艺一般有定尺精整和长尺精整两种。定尺精整是将热轧件锯切成所需的定尺长度，然后进行冷却、矫直等后部处理。而长尺精整是将热轧件直接进行冷却、矫直，再锯切成所需的定尺长度。长尺精整由于轧件长，冷却时冷床利用率高；矫直时咬入次数少，因而产生的弯头、尾少；产量高，且矫直质量好；锯切时可成排锯切，且轧件冷缩小；能得到较高的定尺精度。但是，锯切冷材时锯片磨损加快，消耗较多。

考虑上述因素，设计中采用了定尺精整与长尺精整相结合的工艺，既可以利用热锯切定尺，然后冷矫直，又可以用热锯将轧件二等分，各 60m 长，冷却、矫直后用冷锯成排锯切成定尺，具有很大的灵活性。

4.3.2　主要设备及其工艺

4.3.2.1　加热炉

加热炉为步进梁式炉，炉子有效长 30m，宽 11m，加热能力为 200t/h，加热温度 1250℃，燃料为高、焦炉混合煤气，吨坯热耗仅为 1.30 GJ。

钢坯存放在原料库的框架内，根据计算机指令，原料库的磁盘吊车将钢坯从框架上吊运至上料台架上，并逐根地拨入加热炉的入炉辊道上。

加热炉入炉辊道前设有钢坯称重装置，称重精度为钢坯净重的 ±0.1%，与辊道秤显示系统相连的还有一台打印机，可以打印钢坯的批号、重量、炉号、钢号及生产日期和时间，并输入计算机系统。

长度小于 5.5m 的钢坯在加热炉内双排加热；长度大于 5.5m 的钢坯单排加热。加热炉的炉前和炉后均设置了液压驱动的入钢和出钢机。

4.3.2.2　开坯机

开坯机为二辊水平轧机，轧辊直径为 $\phi1200mm/\phi900mm$，最大辊环直径 $\phi1450mm$，辊身长度 2800mm，由一台 5500kW 交流电动机驱动，交-交变频调速。其特点如下：

（1）上、下辊均设有电动压下、压上装置。正常轧制时下辊固定，上辊压下。换品种或使用较小直径的轧辊时，压上装置能迅速将下轧辊调整到位。

（2）上辊提升行程达 1650mm，具有使用 1400mm×220mm 板坯立轧生产 H 型钢的可能。

（3）下轧辊可手动轴向调节，调节量 ±8mm，有利于孔型调整。

（4）机前、机后均设有带翻钢钩的推床，可以在任何道次移钢或翻钢。

（5）采用轧辊牵引小车和横移台车结合的换辊方式，一次换辊时间仅为 25min。

加热好的钢坯在开坯区内除鳞、开坯并切除"舌头"。钢坯在高压水除鳞装置上清除表面氧化铁皮。除鳞箱为一般钢板结构件，包括出口处链帘、侧导板及可更换的喷嘴环。钢坯通过除鳞箱时，喷嘴自动喷射出工作压力为 17MPa 的高压水，清除钢坯表面的氧化铁皮。

除鳞后的钢坯在开坯机上轧制，开坯机为二辊水平轧机，轧辊的直径为 $\phi2200mm/$ $\phi900mm$，最大辊环直径为 $\phi1450mm$，辊身长度为 2800mm，由一台 5500kW、0-70-170r/min 交流电动机驱动，采用交-交变频调速。

开坯机前后各设有一台带翻钢钩的推床。翻钢钩与推床同步移动，可以在任何道次进行翻钢。

为了防止在万能粗轧机中发生缠辊事故，需用热锯机切除轧件的头、尾端"舌头"。但是，为了利于轧件咬入辊缝，有的生产厂不切头。

4.3.2.3 粗轧机组

万能辊系包括传动的上下水平辊和被动的左右立辊。水平辊的直径为 $\phi1400mm/$ $\phi1300mm$，立辊的直径为 $\phi900mm/\phi810mm$。轧制 280mm 以上腿部的大规格 H 型钢时，立辊的辊身长度为 430mm，轧制 280mm 以下腿部的小规格 H 型钢时，立辊的辊身长度为 340mm。

轧边机为一对传动的上下水平辊辊系，用于轧制 H 型钢腿部的上下端，控制腿部的高度。轧边机的水平辊直径为 $\phi950mm/\phi860mm$，辊身长度为 1400mm。

轧制钢板桩、L 型钢、球扁钢、槽钢、角钢时，万能轧机转换成二辊机架，即不带立辊，只有 2 个水平辊，对轧件进行二辊孔型轧制，轧辊直径为 $\phi900mm/\phi810mm$，辊身长度 1400mm。轧件在 2 个万能轧机的水平辊系上可逆连轧 3 次（4 或 6 道）。孔型法轧制时，轧边机不参与轧制，只需将下辊更换成自由辊。

粗轧机具有以下特点：

（1）机架为开轭式结构。换辊时，立辊横轭向上摆动打开，4 个旧轧辊从操作侧由牵引小车拖至横移台车上，然后将新轧辊推入机架，实现辊系快速更换，而无需更换整个机架。换辊时间仅为 30 min。

万能轧机和轧边机的辊系采用快速更换装置进行更换。快速更换装置包括 3 台牵引小车和 1 组横移台车。3 台牵引小车用于牵引万能粗轧机 UR_1、UR_2 和轧边机 E 的辊系；1 组横移台车可将 3 组 6 套新旧辊系同时横移。换一次辊系的时间为：万能-万能（相同品种、规格）为 30 min，万能-万能（不同品种、规格）为 45 min，万能-二辊为 45 min。

（2）轧制中心线高度固定。轧机上、下轧辊均有电动压下或压上，轧制中心线高度固定为 1045mm。不同规格 H 型钢和同规格 H 型钢不同道次的轧件，其腿部高度是变化的、轧制中心线与轧机前后辊道辊面高差也必须是变化的。因此，轧机前后辊道设计成升降辊道和摆动辊道，调节辊面高度，可防止轧制过程中的中心偏差。

（3）轧辊轴向动态调整。万能轧机设置了液压驱动的上轧辊轴向动态调整装置，调整量为 ±5mm。轧机调零后，可以测量和存储上探头至上辊轴及下探头至下辊轴的距离，轧制过程中立辊若失去平衡而引起上辊或下辊的窜动，上辊通过液压装置与下辊同步调整，从而保证上、下腰部对中并控制腰部和腿部的尺寸。

（4）万能轧机压下螺丝通过横梁对轧辊轴承座施加压力，压下螺丝中心距为1950mm。但是，万能机架和二辊机架的横梁与轴承座之间压块的中心距不同，二辊机架时压块中心距为2170mm，万能机架时为1750mm，这样，既保证了二辊轧制的辊身长度，又使万能轧机轧辊挠度减小，刚度增大。

4.3.2.4　精轧机组

轧件在精轧机上只轧一道。精轧机组由一台万能精轧机和前后辅助设备组成。

万能精轧机的结构与粗轧机完全相同，也是用万能辊系轧制H型钢和工字钢，用二辊水平辊系轧制其他型钢。

万能精轧机主转动电动机为一台2150kW，0-70-175r/min交流电动机，采用交-交变频调速。为了提高产品精度，在轧机的上水平辊和左右立辊的压下装置与轴承座之间设置了厚度控制器，对腿部和腰部进行自动厚度控制（AGC）。此外，在轧制过程中，上水平辊可以自动进行动态轴向调整。

精轧机轧出的成品最大长度120m，在热锯机组上单根地切头、尾和定尺（或倍尺）。

热锯机组包括一台固定式锯和一台移动式锯，其结构是相同的，均为电动机倾斜配置的齿轮传动，液压进锯。锯片的直径为$\phi2200mm/2000mm$，圆周速度为140 m/s。

热锯机前设有定尺机。在定尺机和移动式热锯机上安装有测温仪和微调装置，可以根据轧件温度精确调节定尺机和移动式热锯机位置，以保证长度公差不超过±5mm。

4.3.2.5　冷床

冷床为液压驱动的步进梁式冷床，其长度为38.5m，宽度为60m，分成24m和36m两组，两组冷床可连动，也可分动。热轧件在冷床上冷却后，温度降至800℃以下。该冷床有如下特点：

（1）冷床入口侧设有H型钢翻立装置。在将H型钢从辊道移至冷床的同时，此装置将H型钢由卧式翻转90°，呈立式在冷床上冷却，将两个冷却速度较慢的腿部呈上下两面暴露在空气中，减小了相邻H型钢腿部间的热辐射，加快了腿部的冷却速度，使腰部和腿部的冷却速度得以同步，减小了残余热应力。冷床出口侧的翻倒装置将H型钢重新由立式翻成卧式。

（2）冷床步距可调。为了使不同规格的H型钢能得到合适的间距，提高冷却能力，步进梁的步进距离可根据规格大小进行调整，最大步距为630mm。

（3）为提高冷床的小时产量，在冷床出口侧设有风机，必要时对轧件强迫风冷。

4.3.2.6　剖分

T型钢和小规格球扁钢是在剖分装置上剖分的。剖分装置位于冷床与矫直机之间，为一圆盘式剪，由立导卫装置、机前夹送辊、剖分剪、机后夹送辊组成。刀片的最大直径为$\phi800mm$，轧件的最大速度为1m/s，可以剖分轧件的最大厚度为16mm。

H型钢或双头球扁钢在冷床上冷却后，经冷床输出辊道运至剖分机，剖分成T型钢或球扁钢。

生产其他不需剖分的钢材时，剖分装置移出生产线，并用辊道替补。

4.3.2.7 节距可变辊式矫直机

轧件在冷床上冷却或在剖分机上剖分后，由辊道运往矫直机矫直，矫直温度应低于80℃。

4.3.2.8 冷锯机

矫直好的定尺或倍尺轧件由辊道经移送台架运往冷锯机。

凡热锯能满足生产能力的产品，只需在热锯机上切头尾和定尺，无需冷锯机锯切，而直接运至检查台架处。

凡热锯不能满足生产能力的产品，除在热锯机上切头尾和倍尺外，还要在冷锯机上切定尺，而后运往检查台架。

4.3.2.9 检查

矫直、锯切后的钢材在检查台架上人工目视检查。

检查台为链式移送机，其中间设翻钢机，可将轧件翻转90°或180°。在翻钢机的前后两侧，设检查平台，可供操作人员在上面目视检查钢材的表面，并将有缺陷的钢材送往不合格产品的清理区。

4.3.2.10 堆垛、打捆

检查后的合格钢材由辊道运往堆垛机堆垛。堆垛机包括移送机、翻钢机、堆垛吊车等。

翻钢机可将轧件翻转180°，部分钢材可以正反码垛。堆垛吊车借助磁盘将成排钢材层层码垛。成捆钢材在打捆机上用钢带捆扎，其高度和宽度应小于800mm。

打好捆的钢材在辊道秤上称重后由人工粘贴不干胶标牌，再由磁盘吊车吊运至成品库框架内堆存。

4.4 中小型 H 型钢车间

下面以马钢中小型 H 型钢车间为例介绍现代 H 型钢生产流程和设备参数。

4.4.1 生产工艺

车间平面布置如图 4-15 所示。

生产工艺流程：方坯或异型连铸坯→红送→称重→步进梁式加热炉加热，高压水除鳞→5 机架粗轧机组连轧→火焰切割机切头→10 机架中、精轧机组连轧→在线尺寸测量→飞剪倍尺剪切→步进式冷床水冷→十辊矫直机矫直→成排收集→冷锯切定尺→检查→堆垛→打捆→入库→发货。

钢坯经加热炉加热至1200℃左右由辊道输出，由高压水除鳞装置用高压水（压力约为25MPa）对坯料表面的氧化铁皮进行清理，以避免轧制过程中氧化铁皮的压入，从而保证最终产品质量。

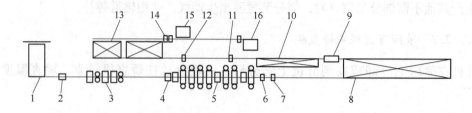

图 4-15　马钢小型 H 型钢生产车间工艺平面布置示意图

1—步进梁式加热炉；2—高压水除鳞机；3—5 机架粗轧机组；4—火焰切割机；5—10 机架
中精轧机组；6—在线测量装置；7—飞剪；8—步进式冷床；9—十辊悬臂式矫直机；
10—成排收集台架；11—1 号冷锯；12—2 号冷锯；13—检查堆垛台架；
14—1 号、2 号打捆机；15—发货台架 1；16—发货台架 2

　　坯料由夹送辊送入 5 机架粗轧机组进行连续式轧制，连轧机的轧制过程为自动进行，并实现微张力轧制。

　　轧制后钢坯在进入精轧机组前，为使轧件在连轧机中稳定轧制，由火焰切割机切除轧件头部，然后由中精轧机组前夹送辊将轧件送入中精轧机进行连续轧制。轧件经过中精轧机进行最终成型轧制。连轧机的轧制过程为自动进行，并实现微张力轧制。

　　在精轧机组后，配备了在线激光尺寸测量装置，对轧件进行实时在线尺寸测量，以便操作人员控制轧件的外形尺寸。

　　轧件由精轧机轧出以后经辊道送往冷床。在轧机与冷床前之间设一台曲柄式飞剪对轧件进行分段倍尺剪切。

　　轧件分段以后被带有升降拨爪的辊道单根地送上冷床。冷床为齿条步进式结构，面积大约为 17.6m×78m，并设有强制水雾喷淋冷却系统，在移动过程中可以根据需要对轧件进行强制水雾冷却，以保证轧件出冷床温度低于 80℃。出冷床时轧件由平移机构单根或双根地从冷床上移送至输出辊道上，并送至矫直机上进行矫直。经过矫直后的 H 型钢进行成排收集，两台冷锯可以根据产品要求和生产节奏由计算机自动进行锯切设定，自动完成单根或成排地锯切成定尺的锯切操作，然后运往 1 号和 2 号成品检查台。1 号成品检查台宽度约 26m，对于 13～24m 长的轧件单排检查，12m 以下的轧件可在检查台上双排通过。2 号成品检查台宽度约 18m，18m 以下的轧件可在检查台上直接通过。产品的形状与表面质量检查由人工进行，产品由台上的翻钢机翻面后进行反面检查。合格产品贴上标签后，送往成品堆垛机前等待堆。根据产品规格，堆垛装置可以按每层根数、层数进行堆垛。堆好垛的成品垛经辊道送至打捆机处，经夹紧后由打捆机进行打捆。成品钢材打捆后被输送至 1 号、2 号成品存放台，由电磁挂梁桥式行车吊运至成品库框架内存放。

4.4.1.1　主要产品

　　产品大纲以中小规格 H 型钢为主，根据市场需要，也可以生产少量工槽钢和薄壁轻型小规格 H 型钢。钢坯主要采用两种小规格的异型坯，主要钢种为碳素结构钢、低合金结构钢、低合金钢、桥梁和船体用结构钢、耐候钢。

　　产品有：

（1）薄壁 H 型钢（100×50～400×200）mm，腰部和腿部厚度最薄可达 3.2mm；标准 H 型钢（100×50～400×200）mm。

（2）槽钢：2540 号。

（3）工字钢：2040 号。

产品定尺长度为 6m、12m、18m。

年设计能力 50 万吨中，H 型钢为 42 万吨，其他型钢为 8 万吨。

4.4.1.2　坯料

采用方坯或近终形异型连铸坯，最大坯重为 6.9t，综合成材率为 95.5%。

方坯断面尺寸为 150mm ×150mm，长度为 10.5～12.0m，用来生产槽钢、工字钢。

两种异型坯用来生产 H 型钢，断面尺寸为：

（1）430mm×300mm×90mm，长度为 7.5～12.0m。

（2）320mm×220mm×85mm，长度为 7.5～12.0m。

4.4.1.3　主要工艺特点

（1）采用近终形异型坯轧制 H 型钢。采用近终形异型坯轧制 H 型钢具有以下 4 个主要优点：

1）开坯道次明显减少，生产节奏加快；

2）由于轧制时间缩短，所以轧件温降小，一般可使轧件温降减少 100℃；

3）能使轧制力降低 30%，轧制能耗减少 20%；

4）能提高综合成材率。

（2）全连续轧制。整个轧制线由 15 架无牌坊轧机组成，其中粗轧机组 5 架、中精轧机组 10 架，布置在 5.5m 高的平台上，采用全连续轧制工艺，快速更换机架系统，主传动全部采用交流变频调速数字控制系统。

万能轧机轧辊辊身长度短，轧辊挠度小，可获得良好的产品尺寸公差。精轧机架间采用微张力控制，而且轧机具有较大的生产能力。设置了计算机 3 级自动控制系统，用来完成物料跟踪、工艺参数和轧辊参数设定及生产计划管理等工作，生产效率和自动化水平高，操作控制简捷，是我国第一条具有世界先进水平的中小型 H 型钢全连续轧制生产线。

（3）步进式冷床水冷。经 15 架粗、中、精轧机组全连续轧制后，轧件终轧温度较高，经异型飞剪切头尾及倍尺后进入步进式冷床冷却。冷床设有强制水雾喷淋冷却系统，根据需要对轧件进行水雾喷淋强化冷却，下冷床温度低于 80℃。为提高轧件冷却质量和矫直质量，轧件在冷床上采用长尺冷却方式，最大长度为 78m。

（4）在线尺寸测量。为了提高所轧 H 型钢产品的外形尺寸精度，降低轧废，在精轧机出口侧、飞剪之前设置了在线尺寸测量仪，对轧件进行在线测量。测量精度为 ±（0.0025～0.1000）mm，取样频率为 30 次/s。轧件最高温度为 1100℃，冷却水流量为 6m³/h，压力为 0.4MPa。压缩空气流量为 90m³/h，压力为 0.6MPa。

在线型钢断面尺寸测量仪的应用，减少了红检取样时间，降低了红检工劳动强度，提高轧机有效作业率。

4.4.2　主要设备

4.4.2.1　步进式加热炉

加热炉为步进梁式炉，端进侧出，有效长度为24.6m，有效宽度为12.8m，冷坯时加热能力为140t/h，热坯时为160t/h，热装温度为550℃左右，热装率为60%~80%，加热温度为1250℃，燃料为高、焦炉混合煤气。

4.4.2.2　粗轧和中、精轧机组

5机架粗轧机组轧机呈1H—2V—3H—4H—5V平立交替布置，其中2V、5V立式轧机具有轧边和控制轧件宽度作用，只用3种坯料即能生产出多种规格产品。粗轧入口速度不大于0.5m/s，出口速度不大于2.0m/s。

中精轧机组由1架水平二辊轧机、2架轧边机、7架万能轧机交叉排列组成，其中第6架轧机为水平二辊轧机，第7~10、12、13、15架为四辊万能轧机，第11、14架为轧边机，轧机全为无牌坊式整机架辊系吊装上线。第6架二辊水平轧机用来控制腰部和腿部之间的延伸率；第11、14架水平轧机用来轧制、精确控制腿部的腿端形状和尺寸；其他7架万能轧机可重新装配成二辊水平轧机，用来生产槽钢、工字钢等。中、精轧入口速度为1.0m/s，出口速度不大于5.0m/s。

粗轧机组和中、精轧机组之间运输辊道长62m，设有保温罩以减少轧件温降、缩小头尾温差。中、精轧机组前设有火焰切割机，用来切除轧件的头、尾端"舌头"，或作紧急事故碎断。轧机换辊为整机架更换，新机架在换辊间完成组装，包括机架装配、轧辊位置调整、导卫安装及调整、零位压靠与辊缝值设定。换机架时间约为20min。粗、中、精轧机主要技术参数见表4-4。

表4-4　轧机主要技术参数

机 架 号	轧机型号	轧辊尺寸/mm			主电动机	
		最大直径（水平辊/立辊）	最小直径（水平辊/立辊）	辊身长（水平辊/立辊）	形式	额定功率/kW
1H	DOM8565	$\phi1150$	$\phi770$	1200	AC	1300
2V	DVM9555	$\phi840$	$\phi630$	1100	AC	600
3H	DOM8565	$\phi1150$	$\phi770$	1200	AC	1300
4H	DOM8565	$\phi1150$	$\phi770$	1200	AC	1200
5V	DVM9555	$\phi840$	$\phi630$	1100	AC	600
6H	DOM8565	$\phi1150$	$\phi770$	1200	AC	1200
7H/U	DUN9555	$\phi970/\phi650$	$\phi850/\phi580$	460/230	AC	1300
8H/U	DUN9555	$\phi970/\phi650$	$\phi850/\phi580$	460/230	AC	1300
9H/U	DUN9555	$\phi970/\phi650$	$\phi850/\phi580$	460/230	AC	1300
10H/U	DUN9555	$\phi970/\phi650$	$\phi850/\phi580$	460/230	AC	1200
11H	DOM9555	$\phi980/\phi940$	$\phi720$	1100	AC	600
12H/U	DUN9555	$\phi970/\phi650$	$\phi850/\phi580$	460/230	AC	1300
13H/U	DUN9555	$\phi970/\phi650$	$\phi850/\phi580$	460/230	AC	1200
14H	DOM9555	$\phi980/\phi940$	$\phi720$	1100	AC	600
15H/U	DUN9555	$\phi970/\phi650$	$\phi850/\phi580$	460/230	AC	1500

4.4.2.3　步进式冷床

步进式冷床面积约为 17.6m×78.0m，轧件一般呈工形进行空冷，冷至 80℃ 以下，当空冷不能满足冷却要求时，打开冷却水装置进行水雾喷淋强化冷却。

4.4.2.4　十辊悬臂式矫直机

十辊悬臂式矫直机上面的 2、4、6、8、10 号辊不传动，为升降调整；下面的 1、3、5、7、9 号辊由一台 400kW 变频调速交流电动机传动，可正反转，辊间距为 900mm，辊子中心距离最大为 1000mm，最小为 600mm。矫直辊为组合式，电动轴向调整，调整范围为 ±15mm，具有快速换辊功能，更换时间约为 25min。

4.4.2.5　冷锯机组

两台 SDD2000 固定式冷锯用于将单根或成排轧件锯切成用户所需定尺长度。锯片最大直径为 φ1000mm，锯片厚度为 13mm，最大锯切速度为 80mm/s，锯切最大长度为 24m。

思 考 题

4-1　H 型钢有何特点？它主要有什么用途？
4-2　如何测量 H 型钢尺寸？
4-3　万能轧机有什么特点？轧件在万能轧机和轧边机中轧制时如何变形？
4-4　简述大型 H 型钢的生产工艺流程。
4-5　简述中小型 H 型钢的生产工艺流程。

5 H型钢生产调整

5.1 多架万能轧机轧制H型钢

用多架万能轧机轧制H型钢，这种方法在世界上已获得普遍采用，具体方法有格雷法、萨克法、普泼法、X-H法等。

5.1.1 格雷法

格雷法的主要特点是采用开口式万能孔型，腰和腿部的加工是在开口万能孔型中同时进行的。为有效地控制腿高和腿部加工的质量，格雷法认为立压必须用在腿端，故把腿高的压缩放在与万能一起连轧的二辊机架中进行。目前世界各国的轧边机多采用格雷法。格雷法轧制H型钢，如图5-1所示。

采用格雷法轧制H型钢的工艺大致如下：用初轧机或二辊开坯机把钢锭轧成异型坯，然后把异型坯送往万能粗轧机和轧边机进行往复连轧，并在万能精轧机和轧边机上往复连轧成成品。格雷法在进行立压时只是用水平辊与轧件腿端接触（腰部与水平辊不接触），这可使轧件腿端始终保持平直。这种方法其立辊多为圆柱形，而水平辊两侧略有斜度，在荒轧机组中，水平辊侧面有约9%的斜度，在精轧机组

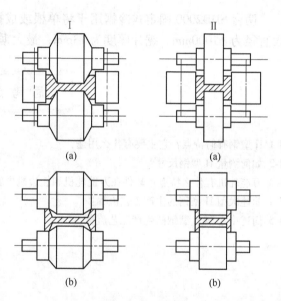

图 5-1　格雷法轧制H型钢
（a）主机架；（b）辅助机架
Ⅰ—粗轧机组；Ⅱ—精轧机组

中水平辊侧面有2%~5%的斜度，不过精轧机组水平辊侧面斜度尽量小，才能轧出平行的腿部。

现代H型钢厂也广泛采用格雷法设计其连轧万能孔型系统，如图5-2所示。

5.1.2 萨克法

萨克法采用闭口万能孔型，在此孔型中腿是倾斜配置的，为能最后轧出平直腿部，必须在最后一道中安置圆柱形立辊的万能轧机。萨克法的立压与格雷法不同，它是把压力作用在腿宽方向上，而这容易引起轧件的移动，尤其是在闭口孔型中常常会因来料尺寸的波动，造成腿端凸出部分往外挤出形成耳子，影响成品质量。萨克法的孔型如图5-3所示。

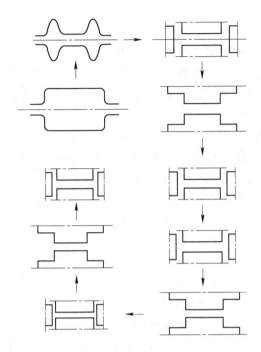

图 5-2 格雷法连轧 H 型钢孔型图

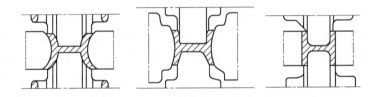

图 5-3 萨克法轧制 H 型钢孔型图

在萨克法中的粗轧万能孔型，其水平辊侧面可采用较大的斜度，这样可以减少水平辊的磨耗，同时由于立辊是采用带锥度的，故可对腰部同时进行延伸系数很大的压缩。这样可减少轧制道次和万能机架数量，有利于节省设备投资。

萨克法的主要工艺流程是：采用一架二辊开坯机，将钢锭轧成具有工字形断面的异型坯，然后将异型坯送到由四辊万能机架和二辊立压机架所组成的可逆式连轧机组中进行粗轧，最后在一架万能机架上轧出成品。荒轧机组水平辊侧面斜度为 8%，中间机组水平辊侧面斜度为 4%，在精轧万能机架中才将轧件腿部轧成平直，成品工字钢腿部斜度为 1.5% 左右。图 5-4 为萨克法轧制 H 型钢的原理图。

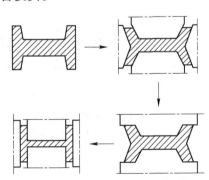

图 5-4 萨克法轧制 H 型钢孔型图

5.1.3　普泼法

普泼法综合了格雷法和萨克法的优点，即吸收了萨克法斜配万能孔型一次可获得较大延伸和格雷法采用立压孔型便于控制腿宽的加工这两大优点。普泼法的主要特点是荒轧采用萨克法斜配万能孔型，精轧采用格雷法开口万能孔型，在精轧万能轧机上首先用圆柱立辊和水平辊把腿部压平直，然后立辊离开，仅用水平辊压腿端，最后在第二架精轧万能轧机上用水平辊和立辊对轧件进行全面加工。其工艺流程是：采用一架二辊可逆式开坯机与两架串列布置的万能机架进行轧制，在第一个万能机架中把异型坯轧成图 5-5（b）所示的形状，这架万能机架的水平辊带有 7% 的斜度，立辊锥度也为7%。在精轧万能轧机中，因工字钢品种的不

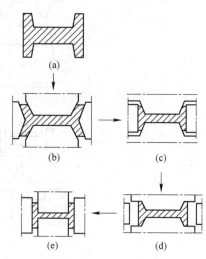

图 5-5　普泼法轧制 H 型钢孔型原理图

同，孔型斜度也不一样，一般为 1.5%~9%。在轧件通过第二个万能机架第一道次时，首先用圆柱形立辊把轧件腿部轧平直，然后在返回道次中立辊离开，仅用水平辊直压腿端。在最后一架万能轧机上用水平辊和立辊对轧件进行全面加工成型，见图 5-5（e）。

某公司曾采用普泼法轧制 H 型钢，所用设备包括一个异型坯初轧机，其后 90m 设有立压机架和万能机架，再其后 65m 处安装了万能机架和立压机架，紧接其后 70m 处是将腿变直的具有圆柱形立辊的万能机架。第一和第二个万能机架具有开口如图 5-5（b）所示的孔型，而在两相应的立压机架中，腿是在斜配孔型中后压缩的。在最后一个机架中，腿部在很小的压力下变成平行状。所有机架都是单独传动的，其车间布置如图 5-6 所示。

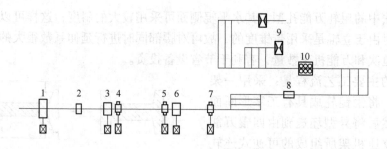

图 5-6　某公司 H 型钢车间平面布置图

1—1375 初轧机；2—大剪；3，6—1220 立压机架；4，5—1322 万能机架；
7—1322 万能精轧机架；8—热锯；9—立矫；10—辊矫

5.1.4　X-H 法

X 孔型立辊带有一定的锥度，并且以水平轧制线为中心上下对称。这种孔型的优点

是：有利于轧件的延伸，可以使轧件很快减薄，并且在相同的压下量的情况下，轧制能耗比 H 孔型低，因此在万能粗轧、中轧机机组中多采用这种孔型。H 孔型的立辊是圆柱形，精轧机必须采用这种孔型。

万能-轧边-万能三机架连续式布置并进行可逆轧制的模式长期采用 X-X 轧法，即两架万能轧机均采用 X-X 孔型，在可逆连轧过程中，轧件断面形状始终为 X 形，故在此三机架之轧后需用一架 H 孔型的万能精轧机才能轧成 H 型钢。

X-H 法是 SMS 的专利技术，应用于 UEU 可逆连轧机，第一架万能轧机仍为 X 形孔型，但第二架万能轧机采用 H 形孔型，轧件在轧制过程中断面形状呈 X 形和 H 形交替变化。

由于第二架万能轧机采用 H 孔型，所以可以直接轧出成品，从而省去了精轧机，生产线长度大大缩短。X-H 法最大的优点是：占地面积小、投资少、效益大、成品低。X-H 法比原始的单列往复串列布置机组产量提高 55%，轧辊成本降低 33%，并且它可进一步改造成目前国际上 H 型钢生产最先进的以近终形连铸坯为原料、采用 X-H 轧制方法的短流程连铸连轧技术。

X-H 法与传统轧制工艺比较有如下优点：更高的生产能力、更高的温度水平、更小的轧制压力及驱动功率、更高轧辊的使用寿命、控温轧制实现可能、更长的轧件长度。X-H 轧制方法是目前世界上生产 H 型钢比较流行的轧制方法，已经被多数新建或新改造的 H 型钢厂所广泛采用。

由于重轨只有一个对称轴，X-H 法不易用于重轨生产，但成功应用的实例已不少。

5.1.5 无开坯（BD 机）轧制技术

为了节约轧辊费用，实现孔型多规格共用，适应多品种小批量的市场需要，使用"H-V 可逆粗轧机组"和"H-V 连轧机"。所谓无开坯机轧制，是用简单的水平轧机孔型（H）只轧腰部，立辊孔型（V）只调整腰高，如图 5-7 所示，为万能轧机提供坯料，而不用常规的开坯机。

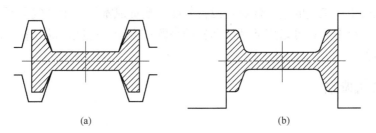

图 5-7 无开坯机的 H 孔型和 V 孔型
(a) H 孔型；(b) V 孔型

H 孔型和 V 孔型布置在不同机架上，一对 H-V 孔型形成可逆连轧或是多机架 H-V-H-V-H 孔型形成连轧。

H-V 孔型开坯技术，V 孔型可以所有规格共用，H 孔型也可以多规格共用。

没有异型坯连铸机时，只能靠开坯机多道次轧制的方法来提供工字钢、槽钢、钢板桩、H 型钢等产品所需的异型坯，开坯工序往往成为薄弱环节。使用异型坯可以大大缓解型钢轧制中开坯机的压力，明显减少开坯机的异型孔数量，减少轧制道次。例如使用连铸板坯轧制 H 型钢，在开坯机上往往要轧制 19~23 道次，而使用异型坯则只需 7~9 道次。开坯道次减少，可以降低坯料的加热温度；缩短轧制周期；减少切头、尾量。

SMS 把近终形异型坯连铸技术、连铸坯热送热装技术、无开坯轧制技术与 X–H 轧制技术结合，实现了连铸坯直接热装轧制。其典型工艺流程是：炼钢炉→钢水→近终形连铸机→（800℃左右近终形异型坯）→特殊步进式加热炉短时间加热→高压水除鳞→H-V 孔型开坯→UEU 可逆连轧→（高温成品型钢），如图 5-8（b）所示。

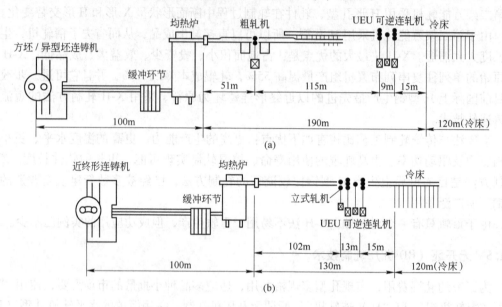

图 5-8　紧凑式钢梁生产线与常规生产线比较
（a）大型型钢常规生产线；（b）紧凑式钢梁生产线

紧凑式钢梁生产工艺的主要优点：设备紧凑，投资成本低；生产线灵活；能耗低；由钢水到成品的收得率高；可采用低品位和各种来源的废钢；每吨产品耗费工时低；生产率高；改造成本低。

5.2　万能轧机调整

5.2.1　概述

万能轧制时，与轧件腰部接触的水平辊辊面为圆柱面，腰部的轧制与钢板轧制相同；与轧件腿部内侧接触的水平辊侧面为双曲面，半径较大，可看成是平面，对腿部内侧压下量很小；与腿部外侧面接触的立辊面为圆柱面（直腿时）或椭圆面（弯腿时），立辊对腿外侧的压下量较大；腿部总压下量近似为立辊的压下量。

万能轧制时，由电动机拖动的水平辊带着腰部从辊缝入口朝出口前进，由于辊缝从入口到出口开口度逐渐减小，因此腰部在通过辊缝过程中受到垂直方向压缩量逐渐增加，其厚度逐渐减小，纵向长度逐渐增加，但由于受腿部限制，无法宽展，因此，腰部的变形为平面变形。

由于立辊为被动辊，腰部带着腿部前进，腿部靠摩擦力带动立辊转动，立辊对腿的阻力使整个 H 型钢的前进速度减慢。当立辊对腿的阻力足够大时，轧件出口速度就低于水平辊圆周速度，出现全后滑。轧件与轧辊的等速点不在辊面上，而在水平辊侧面的某一点上。腿部内外侧变形区比较复杂，存在前、后滑区，轧件出口速度总是大于立辊圆周速度，轧件对立辊是前滑。

在异型坯端部为平直面的条件下，水平辊和立辊接触轧件腰、腿是不同时的，水平辊和立辊接触腿内外侧也是不同时的。一般情况下腿外侧最先接触轧辊（立辊），存在轧件咬入困难的问题。轧件先接触水平辊将有利于轧件咬入辊缝。

由于腰部和腿部连成一体，腰部和腿部变形不同时和不相等，必然使两者内部产生性质相反、大小相等的附加应力，或者两者间发生金属转移。受压的腰部可能产生波浪形，受拉的腿宽可能减小，甚至腰腿分裂。

在正常轧制时，出口侧水平方向上腰部受压应力作用，而腿部受拉应力作用。腰部和腿部的相互作用，在腿部内引起水平拉应力，在腰部内引起水平压应力。由此可以预计作用在立辊上的轧制力比轧制板材时小，同样可以推断，水平辊的轧制力比轧制板材时大。腿部的轧制主要是靠腰部的拉拔作用实现的。

5.2.2 腰腿间金属流动

同板材轧制完全相同的腰部轧制相比较，腿部的轧制有如下的特点：异径辊轧制；轧制主方向不同；有一辊不传动。

由于腰部和腿部的各部分厚度有很大差别，同时为保证变形协调，腿部的压下量一般比腰部的压下量要大，故腿部的变形区（立辊侧）长度 L_f 通常比腰部的变形区 L_w 长度大，即 $L_f > L_w$，见图5-9。

由此可知，腰部和腿部与轧辊相接触的位置不同，故压下不是同时开始。腿部首先被压下，然后是腿部和腰部同时被压下。由此可以把变形区分为两个区域：Ⅰ区——仅腿部有压下，而腰部无压下的区域；Ⅱ区——腰部和腿部同时被压下的区域。但腿部在宽度方向上变形完全没有约束，金属流动的自由度比在孔型中轧制时大。

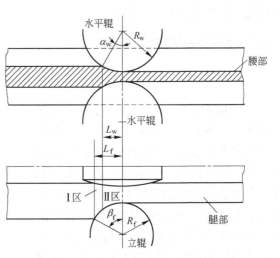

图 5-9 H 型钢万能轧制变形区组成

在压下区域Ⅰ中，虽然腰部没有压下，但由于其和腿部为一整体，必然受到腿部压下的影响。而一般腰部的变形区宽度较长度大很多，故这种影响只发生在腰部与腿部的交界面附近。

在压下区域Ⅱ中，因为通常腰部的压下率大于腿部的压下率，腰部的延伸受腿部的约束，轧后腰部的厚度要比水平辊辊缝大，即引起腰部的厚度复原。这一问题已为实验所证实。

在压下区域Ⅰ和压下区域Ⅱ中，腰部和腿部虽然压下率不一样，但它们是作为一个整体而被延伸的，这将使得压下率大的部分受压力作用，而压下率小的部分受拉力作用。水平轧辊及立轧辊的轧制力由于受这种相互作用的影响，很难用普通计算板材轧制力的公式计算。

综上所述，腰部和腿部相互间有很强烈的牵连作用，只有把二者联系起来进行研究，才能搞清 H 型钢万能轧制的变形机构。

在轧制型材时，时常发生型材总体断面的各个部分沿宽度承受不同的相对压缩量。为了避免整个工件的分裂，从最终的极限状态可以考虑到：所有断面各部分在每一变形状态中都须承受相同的延伸变形，于是可设想在各部分之间有相应的材料交换。在用万能法轧制 H 型钢时，由制定轧制图表和生产工艺不可能使断面各部分在进入轧机时都得到均匀压缩。因此，不均匀的断面压缩必然引起在腿部和腰部间的材料横向流动，即腿部和腰部间的金属交换。

腿部延伸系数大于腰部延伸系数时，金属由腿部流向腰部。反之，当腰部延伸系数大于腿部延伸系数时，金属由腰部流向腿部。

如前所述，在压下区域Ⅰ中，腿部的延伸系数大于腰部的延伸系数（此时腰部未被压下），故金属由腿部流向腰部。而在压下区域Ⅱ中，一般腰部的延伸系数大于腿部的延伸系数，因而金属由腰部流向腿部。

要想使腰部和腿部充分地均匀变形，必须给出一种合适的型坯，并与轧制规程的制定相协调，以及预先改变结构，其中特别是减少立辊直径，但由于水平辊的传动和立辊的支撑问题，此种方法受到限制。

5.2.3　腿部变形及其影响因素

5.2.3.1　腿、腰压下率差对腿宽展的影响

图 5-10 给出了腿、腰压下率差与腿部宽展率的关系曲线。由图可以看出，压下率差对腿部宽展率的影响较大，且呈非线性关系。钢试件对压下率配比的变化不如铅试件敏感，这是由于轧制钢试件时，单位压力和摩擦力都较大，使得腿部的横向流动更困难一些的缘故。因此，在生产中，用铅模型实验取得的压下率配比范围来控制钢轧件的腿部尺寸是偏于安全的。

为获得腿部宽展，一般精轧道次压下率差不宜超过 5%，粗轧道次为避免腰部产生波浪，压下率差以 2%左右为宜。

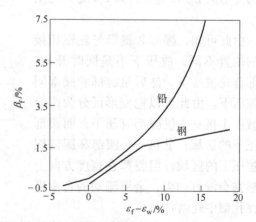

图 5-10　腿、腰压下率差与腿部宽展率的关系曲线

5.2.3.2　立辊锥角对腿宽展的影响

在 0~8°锥角范围内，腿部宽展量随立辊锥角的增大有所增加，但变化很小。

立辊锥角对最大腿部宽展量的影响比较小，但轧制中腿部内侧出现负宽展，外侧为正宽展。这是因为：水平辊侧面对轧件有一个向下的分速度，腿部内侧受到向下的剪应力（见图 5-11），使得腿部内侧金属向下流动，腿部内侧被拉缩；随着立辊锥角的增大，水平辊侧面任一圆周处的等效半径增大，向下的分速度也增大，负向宽展值越来越大。而对立辊侧，带锥角的立辊辊面上线速度不相等，辊面上圆周半径越小的地方，相应的线速度越小，对金属纵向延伸的阻碍作用越大，金属将向腿部宽度方向流动形成正向宽展。

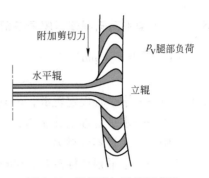

图 5-11 腿部附加的剪切变形

随立辊锥角增大，立辊辊面上线速度相差越大，正向宽展也增大。受腰部压下量和水平辊端面铅垂速度分量的影响，腿部内侧金属一般不会流向边侧，而是出现较明显的宽度缩减，轧边后易出现"缺肉"现象，影响产品质量。

5.2.3.3 张力对腿部尺寸影响

张力不仅对前滑产生较大影响，而且还会引起轧件轧后尺寸的变化。受其影响较大的是轧件的轧后腿部宽度。实验中发现，当机座间的张力小于 7MPa 时，轧后腿部宽度的变化幅度比较小（在 1mm 之内），并且此时二者的关系可以用线性关系来近似。当机座间的张力大于 7MPa 时，轧后腿部宽度随着张力的增大而迅速减小，最大的减小量可以达到近 4mm。出现这种现象的原因是当张力大到一定程度时，腿部的金属不仅在纵向上增加延伸，而且横向流向腰部，从而使机座间的轧件产生过度变形，造成腿部宽度超差。因此，为了保证产品的尺寸精度，必须把张力控制在一定的范围之内。

通过实测发现，张力对轧后腰部厚度和腿部厚度的影响非常小。张力变化范围为 2~16MPa 时，轧后腰部厚度的最大偏差为 0.05mm，腿部厚度的最大偏差为 0.08mm，可以认为机架间的张力对轧后腰部厚度和腿部厚度几乎不产生影响。

5.2.4 腿端在轧边端孔型中变形特点

（1）轧边端过程是典型的高件轧制。轧制时变形深入不下去，宽展集中在轧辊接触面附近，形成明显的双鼓形，造成轧件边端局部增厚。双鼓局部增厚的边部在后续的万能孔型中产生不均匀压下，一是造成强迫宽展，边宽又得到恢复，二是造成水平辊侧面和立辊的不均匀磨损，对应双鼓局部增厚处出现槽沟。因此，轧边端的压下量应尽量小，只要轧平边端即可。实际生产中的轧边压下率不超过 12%。

（2）轧边端时变形区内轧件的断面形状是窄而高，边根不能横向移动，边端受到摩擦力的约束，压下量一旦过大，轧件边部会出现塑性失稳而弯曲，将达不到轧边端的目的。由于这一原因，轧边端压下量也不能过大。

（3）由于轧边端时轧件与轧辊的接触面很窄，压下量小，接触面积很小，所以在万能-轧边端往复可逆轧制时存在着张力饱和现象。张力一旦加大，轧边端孔型中的轧件将被拉住或者拔出。可以自动调节张力。

5.2.5　H 型钢精轧调整程序表各部分尺寸计算公式

（1）腰厚 T_w（mm）。

$$T_w = H + (P-10)/250$$

式中　　H——水平辊设定辊缝，mm；

　　　　P——水平辊理论轧制力，t；

　　　　10——轧辊零压靠力，t；

　　　　250——水平辊弹性模量，t/mm。

（2）腰部压下量 ΔT_w（mm）。

$$\Delta T_w = T_{w(i-1)} - T_{wi}$$

式中　　$T_{w(i-1)}$——前一道次腰厚，mm；

　　　　T_{wi}——本道次腰厚，mm。

（3）腰部压下系数 λ_w。

$$\lambda_w = T_{w(i-1)}/T_w$$

（4）腿部厚度 T_f（mm）。

$$T_f = V + \frac{Q-10}{200} + \frac{W-b}{2} - \frac{h}{2}k$$

式中　　V——立辊设定辊缝，mm；

　　　　Q——立辊理论轧制压力，t；

　　　　W——水平辊上辊体宽度，mm；

　　　　b——水平辊下辊体宽度，mm；

　　　　h——半腿高，mm；

　　　　k——水平辊辊身斜率，%。

（5）腿部压下量 ΔT_f（mm）。

$$\Delta T_f = \Delta T_{f(i-1)} - \Delta T_{fi}$$

式中　　$T_{f(i-1)}$——前一道次腿厚，mm；

　　　　T_{fi}——本道次腿厚，mm。

（6）腿部压下系数 λ_f。

$$\lambda_f = \Delta T_{f(i-1)}/\Delta T_{fi}$$

（7）腰腿延伸平衡系数 λ_w/λ_f。

（8）半腿高 h（mm）。

$$h = h_{i-1} + \Delta B$$

式中　　h_{i-1}——前一道次半腿高，mm；

　　　　ΔB——半腿宽展量。

（9）半腿宽展量 ΔB（mm）。

$$\Delta B = \Delta T_f \beta$$

式中　　β——宽展指数。

（10）腿高 L（mm）。

$$L = 2h + T_w$$

（11）面积 A（mm^2）。

$$A = 4A_y \times 4T_f h + (b + 2T_f + hk)T_w$$

式中　A_y——圆角面积，mm^2。

（12）延伸率 λ。

$$\lambda = A_{i-1}/A_i$$

式中　A_{i-1}——来料截面积，mm^2；

　　　A_i——本道次轧件截面积，mm^2。

（13）立辊辊缝 V（mm）。

$$V = (V_{DS} + V_{WS})/2$$

式中　V_{DS}——传动侧立辊设定辊缝，mm；

　　　V_{WS}——工作侧立辊设定辊缝，mm。

（14）轧辊速度 v（m/min）。

$$v = \eta \frac{v_{i+1}}{\lambda}$$

式中　η——张力系数。

一般 U_5 的轧辊速度设定为 210m/min。

（15）轧件宽度 B（mm）。

$$B = b + hk + 2T_f$$

（16）圆角面积 A_y。

$$A_y = r^2 \tan \frac{\pi/2 - \arctan k}{2} - \pi r^2 \frac{\pi/2 - \arctan k}{2\pi}$$

式中　r——圆角半径，mm。

（17）马达转速 n（r/min）。

$$n = 1000i \frac{v}{\pi D/1000}$$

式中　D——轧辊直径，mm；

　　　i——齿轮箱减速比。

5.2.6　产品尺寸调整

5.2.6.1　腹板厚度调整

腹板厚度主要由万能轧机水平辊辊缝决定，因此，在进行腹板厚度调整时，关键是调整万能轧机水平辊辊缝，并且在调整时，不得破坏腿部和腰部的延伸平衡，以避免出现形状缺陷，如腹板波浪、腿宽波浪等。关于形状缺陷将在后面论述。

当然，在进行辊缝调整时，还要参照轧机负荷来进行。负荷小的轧机可使其压下量相对加大；负荷大的轧机可使其压下量相对减小。

若腹板偏厚，则适当减小 U_1 ~ U_5 轧机的水平辊辊缝；若腹板偏薄，则适当增大 U_1 ~ U_5 轧机的水平辊辊缝。

在调整时应注意 $U_1 \sim U_5$ 轧机的辊缝按一定比例进行调整（理论上可以，但具体调整是要以轧机状态而定），并对照轧制程序表，使腿部和腰部的延伸系数比值 λ_f / λ_w 在一定范围内变化。λ_f / λ_w 是根据压下率计算而得到的，一般可在 1.02~1.07 范围内变动，根据实际情况，也可稍大或稍小。

调整时应注意以下几点：

（1）腹板厚度变薄，腿部宽度容易减小；腹板厚度变厚，腿部宽度容易增大。这是由于调整时，增大或减小了腹部对腿部的拉缩而导致的，因此，在进行万能轧机水平辊辊缝调整时，还要配合轧边机辊缝调整，若腿宽减小，则增大轧边机辊缝；若腿宽增大，则减小轧边机辊缝。

（2）腹板和腿部的延伸平衡破坏，有时会产生腹板波浪或腿宽波浪，这就是前面所说的维持腹板和腿部的延伸平衡系数比值 λ_f / λ_w 不得变化太大的原因。

若产生以上缺陷，在保持成品腿部原尺寸合格的前提下，也可适当进行立辊辊缝调整，目的就是维持腹板和腿部的延伸平衡。

（3）由于腹板厚度变薄，有时会产生冷却波纹，这是由于产品冷却过程中，残留应力的影响而产生的，因此应采取以下措施：

1）轧制中加强对腿部的水冷，尽量使腿部的轧制温度下降。

2）腿部厚度尽量轧薄。

3）使用压缩空气吹风管排水，控制腹板上水量，防止冷却水被腹板集中带走。

4）减少轧辊冷却水，但考虑到这会对轧辊带来不良影响，应尽量不采用。

（4）腹板变薄，有时腿部前端发生缺角现象，这是由于腹板拉伸腿部而形成的，因此，只要不破坏腹板和腿部的延伸平衡，此现象就不会发生。

5.2.6.2　腿部厚度高度调整

腿部厚度主要由万能轧机立辊辊缝决定，因此，调整腿部厚度关键是合理调整立辊辊缝，并且注意不破坏腹板和腿部的延伸平衡。

若腿部偏厚，则减小 $U_1 \sim U_5$ 轧机的立辊辊缝；若腿部偏薄，则增大 $U_1 \sim U_5$ 轧机的立辊辊缝。

调整时，对照轧制程序表，使腿部和腰部的延伸系数比值 λ_f / λ_w 不能太大或太小。

调整时应注意以下几点：

（1）在进行腿部厚度调整时，应兼顾腹板高度变化。

（2）调整时，不能破坏腿部和腰部的延伸平衡，以免产生腿宽波浪、腹板波浪等形状缺陷。

5.2.6.3　腿部宽度调整

腿部宽度大小主要由以下因素决定：轧边机辊缝、腿部宽展量（这与立辊辊缝设定有关）、BD 终轧后的腿部厚度、腹板厚度、机架间张力。因此进行腿部宽度调整，主要是针对以上几点进行调整。

腿宽偏大时应采取以下措施：

（1）减小轧边机辊缝。此时应注意轧机负荷不能超过允许扭矩值，并且注意轧边机轧辊不能与腹板接触。考虑到轧边机孔型内轧件变形特点，轧边机辊缝不能无限缩小，否则，轧件将产生塑性失稳弯曲，不利于腿宽减小。

（2）增大前几架轧机的立辊压下量或者减小后几架轧机的立辊压下量。压下量相对减小，故宽展也小，但应注意成品腿部厚度应尽量按负偏差轧制。

（3）加大 BD 终轧腹板厚度。这样可增大腹板对腿的拉缩，使腿宽变小。但这容易引发腿部倒角，因此不应使调整量过大，一般以 2~3mm 为单位进行调整。

（4）减小前几架轧机内腹板厚度。这也是增大腹板对腿部的拉缩。但调整时应考虑腿腰的延伸平衡。

（5）若以上几点仍不能减小腿部宽度，也可增大机架间张力，保证中部尺寸合格，增大冷锯的切头、切尾量。

腿宽偏小时就采取以下措施：

（1）增大轧边机辊缝。此时注意腿端形状，不能出现腿尖未轧平现象。

（2）适当减小前几架轧机立辊压下量或者增大后几架轧机的立辊压下量。此时应考虑腿腰延伸平衡，并且注意成品腿部厚度不能超出公差范围。

（3）减小 BD 终轧腹板厚度或者增大万能孔型内腹板厚度，这都是减小腹板对腿部的拉缩，使腿宽增大。

（4）调整机架间张力。对小规格轧件，机架间张力对腿部宽度影响非常大。因此，在不引起堆钢的前提下，机架间张力应尽可能调小。

5.2.6.4　腹板高度调整

腹板高度的大小主要决定于以下因素：成品轧件腿部厚度、轧制温度、U_5 轧机水平辊辊体宽度（b 值合适即可）。因此，针对以上几点可做如下调整：

（1）腹板偏高，可减小 U_1~U_5 轧机立辊辊缝，以减小腿部厚度，使腹板高度变小；若腹板高度偏小，则可增加 U_1~U_5 轧机立辊辊缝，以增加腿部厚度，使腹板增高。

（2）若轧制温度高，则冷却后冷缩量大，轧件腹板高度易变小，此时可增强腿部水冷或者增加轧辊冷却水量以及关闭压缩空气管；若轧制温度低，则轧制力加大，轧辊弹跳大，并且冷缩量小，轧件腹板变高，此时应停止腿部水冷。

（3）测量 U_5 水平辊辊体宽度，查看有无车削错误，并注意 U_5 辊体宽度的适用范围。

注意：在做以上调整时，应考虑矫直后腹板高度比原来的高度高出 1mm 左右。

5.2.6.5　腹板偏斜调整

影响腹板偏斜的因素有很多，但概括起来无非是以下三点：轧机本身的影响，如轧机零调不精确、轴向调整不良、轧辊不水平等；辅助设备的影响，如导卫、辊道不合适等；外部条件影响，如腿部水冷装置喷射不均匀等。因此，要针对具体情况来调整，对中型 H 型钢，有时会出现单侧腹板偏斜，此时主要对轧机轴向进行调整，同时可配合立辊调整，目的是改变上下腿长度，消除偏心。

腹板偏斜有以下三种：

（1）两侧腹板向同一方向偏斜，即同时上偏或同时下偏。

（2）一侧腹板偏斜，另一侧正常。

（3）两侧腹板向相反方向偏斜，即一侧向上偏，另一侧向下偏。

针对以上情况，可做如下调整：

（1）调整提升辊道高度。若下部腿长，则可降低万能轧机轧线，即上升提升辊道；反之，则下降提升辊道。有时调整轧边机轧线也起作用，其调整方法与调整万能轧机轧线相反（该调整方式作用不大）。

若以上调整不起作用，则检查导卫是否合适，并检查腿部冷却水是否喷射不均，冷却水多的地方轧件温度低，腿相对长。

（2）进行轧机轴向调整（当轧机装配质量不良时使用）。出现如图 5-12（a）所示情况，则前几架轧机轴向向 WS 窜动，同时压下 DS 侧立辊，U_5 轧机向 DS 窜动。

出现如图 5-12（b）所示情况，则前几架轧机轴向向 DS 窜动，同时放开 DS 侧立辊，U_5 向 WS 窜动。

出现如图 5-12（c）所示情况，则前几架轧机轴向向 DS 窜动，同时压下立辊，U_5 向 WS 窜动。

出现如图 5-12（d）所示情况，则前几架轧机轴向向 WS 窜动，同时放开 WS 立辊，U_5 向 DS 窜动。

出现如图 5-12（e）所示情况，则上辊向 WS 窜动，同时压下 DS 立辊，放开 WS 立辊。

出现如图 5-12（f）所示情况，则上辊向 DS 窜动，同时压下 WS 立辊，放开 DS 立辊。

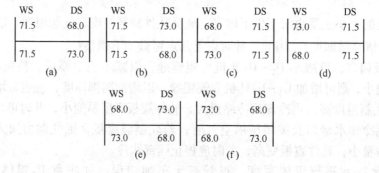

图 5-12　H 型钢腿长缺陷示意图

（图中所标为单侧腿长尺寸）

5.3　连轧张力

5.3.1　万能-万能连轧

图 5-13 是连轧张力特性曲线，由图可知，增大轧辊线速度的差值，机座间的张力显著增加。当速度差小于 0.07m/s 时，随着速度差的增加，张力增大得较快，此时二者的关系可以用线性关系来近似。

当两机座轧辊线速度差大于 0.07m/s 时，随着速度差的增加，张力增加得比较缓慢。机座间的张力与两机座各轧辊的单位压力、压下量、轧件尺寸和轧机结构参数等因素有密切关系。对于不同的轧制条件，张力与速度差的关系曲线是不同的，只有在一定的范围内，才可用线性关系近似，否则会引起较大误差。

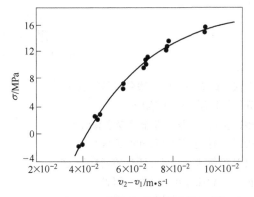

图 5-13 连轧张力特性曲线

实验中发现，机座间的张力对速度差的变化非常敏感，在张力很小时，第二架主电动机转速只变化几个 r/min，便可使张力由正变负（由拉力变为推力）。而推钢力在型钢连轧时是非常不利于轧制的正常进行的。实验中观察到，在不大的推钢力作用下（约为 2MPa），机座间的轧件就拱起了一个弓形的活套。因此，生产中进行轧机速度调整时，应特别注意，不要在机座间产生负张力，以免发生轧件起拱、损坏设备的事故。

实验在机座间产生的最大张力为 16MPa，此时机座已有倾翻趋势，在轧件离开第一架轧机的瞬间，第二架轧机产生了明显的振动，由此说明较大的张力不仅会造成轧件尺寸的严重超差，而且还会对设备产生不利影响。

5.3.2 万能-轧边机

在由轧边机与万能轧机进行连轧时，如改变轧边机的速度，使万能轧机与轧边机的速度不平衡率 $(n_U-n_E)/n_0$（n_0 为张力为零时的轧机转速），可得到如图 5-14 所示的机架间张力与速度不平衡率的关系。从图中可以看出，随着不平衡率增加，张力增加，但由于轧边机孔型对轧件的束缚力较弱，当速度不平衡率较大时，在孔型内发生滑动，张力不再增加。

因此，万能-轧边连轧不必像万能-万能连轧那样对水平辊转速进行严密的控制。

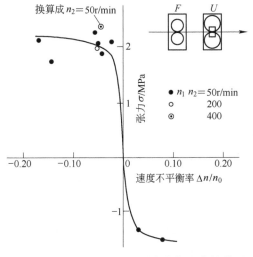

图 5-14 轧边机的速度不平衡率与张力的关系

思 考 题

5-1 格雷法、萨克法、X-H 法各有何特点？

5-2 无开坯机轧制方法有何特点？

5-3 H 型钢轧制时，腰、腿金属变形有何规律？

5-4 分析影响 H 型钢腿部尺寸的因素？

5-5 写出 H 型钢腰、腿尺寸调整的调整公式？

5-6 分析 H 型钢腰厚尺寸的影响因素？

5-7 分析 H 型钢腰高尺寸的影响因素？

6 型钢产品缺陷

在型钢生产过程中，由于轧制条件的变化和影响，如坯料的质量、加热的温度与质量、轧机的安装、各零部件的松动、孔型及导卫的磨损以及轧件的移送等等，都可造成产品的缺陷，从而影响生产的顺利进行，影响产量、质量和安全。因此，在生产中要善于仔细观察和及时发现问题，并给予妥善处理，以减少产品的缺陷的发生，从而保证轧机能经常地处于正常运转状态，轧出合格产品。

型钢产品的缺陷有好多形式，究其原因，除轧制方面的原因外，还和铸锭（坯）质量、加热质量和精整操作等因素有关。这里仅就常见轧制缺陷的形式和产生原因进行分析，并采取有效的措施加以防止。

6.1 型钢产品的轧制缺陷

型钢产品的缺陷是各种各样的，这里仅就简单断面及一些复杂断面型钢常见的轧制缺陷——耳子、折叠、镰刀弯、麻点、刮伤、脱圆和脱方、扭转、结疤、边裂和鳞层等作简单介绍。

6.1.1 耳子

耳子是金属表面平行于长度方向的条状凸起。轧件在孔型中轧制时，由于过充满使部分金属被挤进辊缝而形成耳子。

6.1.1.1 一侧耳子形成原因及调整方法

（1）由于进口导板安装不正，偏向一边，轧件在孔型中充填不均，一侧过充满形成耳子，而另一侧却未充满，如图 6-1 所示。因此，哪边出耳子就说明导板偏向哪一边，应向相反方向调正导板。

（2）进口导板倾斜，使孔型与导板中心线相交成一定角度，且其交点又不在孔型的中心，使轧件向一边倾斜，造成一侧耳子（见图 6-2）。导板的倾斜是由于横梁不正造成。因此，必须将横梁安装水平、高低适当来保证导板与孔型中线重合。

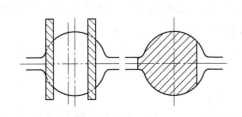

图 6-1　入口导板安装不正

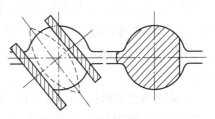

图 6-2　入口导板倾斜不正

6.1.1.2　两侧耳子形成原因及调整方法

（1）轧件在孔型中压下量过大，或者前一孔轧出的轧件过厚，翻钢进入本孔轧制后就出现耳子，这种耳子常常两侧都有，这是形成两侧耳子的主要原因。常用的调整方法是增加前孔的压下量。

（2）导板安装过松或导板磨损严重，这种情况如图6-3所示。因此，必须正确安装导卫，如导卫磨损严重，应立即调换。

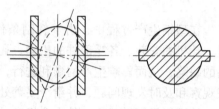

图6-3　导板安装过松或磨损严重

（3）一方面，轧件温度过低，使本孔的宽展量增大；另一方面，由于轧件温度低，变形抗力增大，轧机弹跳加大，使前一孔的轧件厚度增加。在以上两个因素的作用下，孔型轧出的轧件产生耳子。例如在轧制圆钢时，当轧件温度降低后，会使轧件产生耳子，此时应增加成品前孔的压下量，使轧出的厚度比正常温度的厚度小（因为成品前椭圆孔型的宽展余地比较大，一般不会出耳子），同时将成品孔型也相应地多压一些，使轧出的成品既不出耳子，又能得到要求的成品高度。

（4）各种钢号的宽展量不同，例如不锈钢的宽展系数是10号钢的1.3~1.6倍，而高矽钢的宽展系数是10号钢的1.7倍，如果采用同一套孔型轧制这些不同钢号的钢种，则在轧制宽展大的钢号时，必然会产生耳子。因此对于宽展系数大的钢种如高矽钢最好采用单独的孔型设计。

6.1.1.3　轧件局部形成耳子

（1）轧件两侧交替耳子。形成原因是由于进口夹板在夹板盒中装得松，轧件在通过夹板时，可以自由摆动，一时偏左，一时偏右。偏左时，左边产生耳子，偏右时，右边出现耳子。这种耳子在圆钢轧制时，常常可以看到。调整方法是紧固成品进口夹板，并使夹板槽孔的宽度比进口轧件宽度大1~3mm。

（2）轧件端部形成耳子。形成原因是由于轧件端部冷却较快，宽展较其他部分大；另外，轧件端部宽展较大，故在轧件头尾部分出耳子。在这种情况下，应保证中间部分的精度，两端出耳子部分轧后切除。

6.1.1.4　孔型设计不当造成耳子

当轧辊安装和导卫安装正确、轧制条件正常，但仍旧出现耳子时，多半是由孔型设计不当造成的，如宽展系数取得太小、调整余地不够等，这时应考虑修正孔型。为防止产生耳子，在孔型设计时可采用下面的一些措施：

（1）采用凸底箱形孔，以增加下一孔的宽展余地。

（2）增大孔型辊缝处的圆角半径，以消除不大的耳子，见图6-4。

图6-4　箱形孔辊缝处圆角半径的大小对形成耳子的影响

（3）在闭口孔型内增大孔型槽底圆角半径，可防止在下一孔的锁口处挤出耳子，见图 6-5。

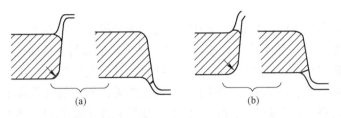

图 6-5 孔型锁口处出现耳子

（a）圆角半径过小；（b）圆角半径增大

6.1.2 折叠

在金属表面沿轧制方向呈直线状或锯齿状的细线，在横断面上呈现折角的表面缺陷称为折叠。折叠缺陷的形状如图 6-6 所示。折叠缺陷使产品的力学性能下降。折叠一般用肉眼看不出来，应采用酸洗后检查。产生折叠的原因及处理办法如下：

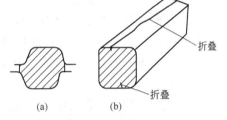

图 6-6 轧件产生折叠

（a）孔型错位；（b）折叠部位

（1）由耳子造成折叠。轧件在前一孔型中产生耳子，翻钢后到下一孔型中耳子被压倒，形成折叠，如图 6-7 所示。

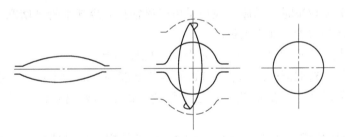

图 6-7 圆钢产生折叠位置

大部分折叠都是耳子造成的，所以当出现折叠时，应细致观察折叠的位置，再根据所使用的孔型来判断出耳子的孔型并加以调整。如果耳子是在精轧孔三道以前产生的，这种折叠缺陷就不容易用肉眼辨认；耳子若是在精轧前孔产生，则留在成品表面上的折叠会很容易用肉眼看出。

由精轧孔产生的折叠，必然是由于精轧前孔内产生耳子，只要把精轧前孔的压下量适当减小些，同时把精轧前孔的压下量适当地增加一些，便可消除。不在精轧孔产生的折叠，则应先查清折叠产生在哪一道次，然后再来采取相应措施，消除产生折叠前面的耳子。

（2）由导卫装置划伤轧件，造成折叠。当导板、卫板或夹板质量不好，就会在轧件的表面上划出很深的伤痕。这种划痕有时是局部的，有时遍及轧件全长，经轧制后划伤部分被压入轧件内部造成折叠。这在轧制钢质软的、塑性好的碳钢时最易产生。因此，若发现导板有粘挂铁皮、卫板夹起刺等情况应立即更换。

6.1.3　镰刀弯

轧件出轧辊后向左或向右弯称为镰刀弯。其产生原因及处理办法如下：

（1）轧件宽度上压下量不均。轧制板坯时，由于轧辊倾斜，造成轧件宽度方向压下量分布不均；或者轧辊水平，轧件的厚度不均，结果轧件受到压缩后，压下量大的一边延伸量大，要向压下量小的一边弯曲。在调整时应首先测量已轧出的轧件厚度是否均匀。若不均匀，肯定是轧辊斜了，应调整轧辊水平位置；如果轧件厚度均匀，则表明是进料厚薄不均，就应调整前面孔型的尺寸。

当轧件很宽很薄时（如薄板坯的成品道次），压下量不均的表现形式是波浪形，并且浪形一定产生在压下量大的一边。

（2）坯料加热不均。坯料左右面加热不均，加热温度高的一边延伸大，轧出后将向延伸小的一边弯曲。这时，主要应通过提高加热质量来解决。

（3）导板安装不正。出口导板偏向一边，则轧件出孔型后向一边弯曲，显然可通过调整导板来解决。

（4）轧辊两轴瓦磨损程度不一致。轧辊安装不正确、孔型在轧辊上配置不合理、轴瓦缺少冷却水等都可能造成轧辊两端的轴瓦磨损程度不一致，从而造成上、下轧辊轴线不平行，使轧件产生水平弯曲。

如果轴瓦磨损程度不大，可以通过调整压下（或压上）螺丝来消除轧件水平弯曲现象；如磨损严重，应更换新轴瓦。

若某一轴瓦磨损较快时，其原因往往是由于该轴瓦的冷却水管被堵塞，或者辊颈表面不光滑，应疏通冷却水管，加大水量。

（5）成品沿长度方向尺寸不等。造成此缺陷的原因有：

1）坯料沿长度方向加热不均匀。例如前半部温度高，而后半部温度低，则成品的前部尺寸要比后半部尺寸小。如加热炉辊道水管造成的黑印处温度低，所以此处轧后尺寸偏大。

2）交叉过钢所造成。轧件在交叉过钢时，由于轧辊的辊跳值较大，所以比单独过钢时的断面尺寸要大一些。

6.1.4　表面裂纹

裂纹是指轧件表面有不同形状的破裂。它一般呈直线状、有时呈丫状。其方向多与轧制方向一致，缝隙一般与钢材表面相垂直。有表面裂纹的轧制产品绝大部分会成为废品，因为它降低了钢材的强度以及影响了轧件的表面质量。造成裂纹的原因及相应处理方法如下：

（1）由于坯料加热时未控制好。坯料加热时由于预热段加热时间过短，加热段加热速度过快容易在加热过程中产生裂纹。同样，坯料由于加热温度过高或加热时间过长出现过烧现象也容易造成坯料表面出现裂纹。

因过热而造成的裂纹，常常在第一道轧制后，就能明显地看出来。在裂纹处有时可以用肉眼看出粗大的晶粒。发生这种现象时，就不要继续进行轧制了，因为裂纹只可能愈轧愈大。这时应立即通知加热工把存在炉内的过热坯料全部拉出，控制好炉温重新装炉加热。

（2）由于坯料表面质量不好。有的坯料有皮下气泡，这种很浅的皮下气泡在轧制时不易压实，在轧件表面造成裂纹，这种裂纹在轧制过程中会逐渐扩大，最后轧成废品。

有的坯料在连铸过程中表面出现夹渣现象，轧成裂纹。

为消除轧件表面裂纹，必须对原料进行严格检查。如果原料本身存在裂纹或浅的皮下气泡，在加热前必须先进行表面清理。清理时可根据不同钢种、不同要求采取不同的方式进行。

（3）由于不均匀变形。坯料加热温度不均匀、轧制复杂断面且孔型设计不良、加工不精都会产生不均匀变形。当不均匀变形所产生的内应力超过轧件本身的强度极限时，就会产生裂纹。

为了避免不均匀变形引起的裂纹，坯料加热时应尽量做到温度均匀一致；设计复杂断面孔型时，不均匀变形尽可能放在头几道次，因为此时轧件温度高、塑性好，轧制时不易产生裂纹。

出现表面裂纹较轻时通过修磨机进行修磨，严重时只能判废。

6.1.5　脱圆及脱方

脱圆即圆钢不圆，脱方即方钢不方。脱圆是由于成品前椭圆孔的高度不够，翻钢后在成品孔内充不满而造成的。因此，在轧制圆钢时若发现有脱圆的现象，可通过减小椭圆孔的压下量来解决。脱方的产生原因与脱圆相同，解决方法也一样。

6.1.6　扭转

型钢绕其纵轴扭成螺旋状的现象称为扭转，如图 6-8 所示。如果成品道次发生严重扭转，则前功尽弃成为废品；如果扭转产生在中间道次，那也很难在以后道次中得到完全纠正。

产生扭转的根本原因是轧制时轧件受到附加力偶的作用。附加力偶产生的原因如下：

（1）轧件断面形状不正确。当轧件形状不正确时，在送入孔型后，上、下轧槽最早与轧件的接触点不在同一垂直线上，因此轧件会受到力偶作用而产生扭转。

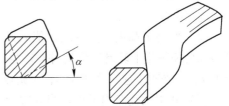

图 6-8　轧件扭转

这种扭转可能是由于前一孔型的轧辊轴向窜动使轧件歪斜而造成（见图 6-9），也可能是由于本孔轧辊轴向窜动（即孔型的上下两个轧槽未对正，见图 6-10）而造成。所以应查清原因后再进行调整，也就是哪一个孔未对正便调整哪一个孔，调整后把轧辊轴向固定牢。

（2）入口夹板安装不正。当入口夹板安装不正时，特别是椭圆轧件被迫斜着进圆孔型时，轧辊给轧件的作用力不在一条直线上，从而形成附加力偶，使轧件扭转。入口夹板安装不正可能由以下几个原因造成（见图 3-30a、b、c）：

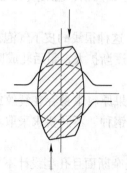

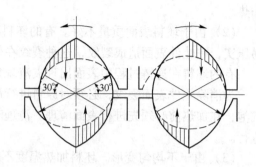

图 6-9　轧件形状不正确造成扭转　　　图 6-10　两个轧槽未对正造成的力偶而产生扭转

1）由于横梁安装倾斜，引起入口夹板不正。

2）由于夹板盒内夹板位置倾斜。

3）由于两块夹板上下错动，造成椭圆轧件位置不正。

（3）入口夹板太松。如图 3-30d 所示，夹板磨损严重，内孔尺寸增大，失去扶正轧件的作用也会造成轧件扭转。特别是高度比较大的椭圆轧件，它本身就不稳定，当失去夹板扶持时，极易造成轧件的扭转。

为保证夹板正常地诱导轧件，必须经常地检查夹板是否松动，当夹板磨损严重不能正常工作时，应立即更换。

（4）出口卫板过松。在轧制角钢的过程中，轧件出孔后经常产生扭转现象，这主要是由于两腿部压下量不均或导卫装置安装不当引起的。出口导板梁过高，卫板稍偏斜，将使轧件产生扭转。一般以保持轧件出孔平直为准，轧硬钢时，导板梁应略低一点。

上下出口卫板的间隙不宜过大，应保持轧件上下与导板间各留有 5~10mm 间隙。

厚度较薄的蝶形孔的轧件扭转时，可以用卫板控制，方法是反扭转方向把上下卫板错开并固定牢固。

（5）轧件的高度与宽度之比值太大。由于轧件的高宽比太大而造成的扭转，通常是在箱形孔型和平辊上轧制矩形轧件时产生的。一般而言，在箱形孔内，轧件的高宽比应不大于 1.7，在平辊上应不大于 1.3，否则就有产生扭转的危险。

（6）轧辊轴瓦磨损不均。当轧辊两端轴瓦的表面磨损程度不一致时，轧辊的轴线不平行，也可能导致轧件扭转。处理的方法是立即更换轴瓦。

（7）轴错。由于轧辊的上下轧槽没有对齐，造成轧件发生扭转。

除此之外，钢锭（坯）加热温度不均匀，出口卫板安装不正确等等也会造成轧件扭转。

总之造成轧件扭转的因素很复杂，既可能发生在成品孔型里，也可能发生在其他任一孔型里，各种断面形状的轧件都可能产生扭转。有时可能是某一个因素引起的，有时又可能是几个因素同时作用的结果，因此需进行仔细地观察和分析，针对引起扭转的主要原因而采取对策，方能迅速奏效。

消除某一扭转现象，有时可能存在多种调整的方法，这时应通过分析，选择最合理的方法进行调整，甚至采用"反扭转"的方法调整。例如在轧制方钢时，如果成品孔轧出的轧件尺寸合格，但有些向右扭转，而这种扭转确定是由成品孔本身造成的。这时采用成品孔的轴向调整或成品前孔的轴向调整，都可以克服这种扭转。但调整成品孔时轧件的尺寸会产生变化，所以这时最好选用调整成品前孔的方法来解决，即将成品前孔（菱形）的上辊沿轴向向右作适当的调整，使菱形轧件稍稍走样。在正常的情况下，这种轧件在形状正确的成品孔内本应产生左扭转，但由于成品孔存在右扭转趋势，二者相互抵消了，这种方法称"反扭转"。

6.1.7　烂边

烂边是在型钢的边缘出现的一种明显的边部糜烂，严重缺肉或不规则孔洞。

这是由于皮下气泡严重造成的缺陷，炼钢时应给予重视。

6.1.8　边裂

边裂是在型钢的边缘出现的一种局部角裂现象。

这是在轧制过程中由于冷却不均或压下规程不合理造成的。普碳钢开轧温度过高或高速钢轧制温度过低（900℃以下）均易引起边裂，轧制这类钢最好应增加翻钢次数。轧制高速钢时不允许往轧辊上浇冷却水，以防止温度太低而造成边裂。

6.1.9　鳞层

鳞层是黏附于型钢表面与其本身相连接的金属片，其形状与分布均不规则。但鳞层与金属之间由于有氧化铁皮，不可能相互熔合，只是有限地连接。鳞层的产生原因有：

（1）轧件表面有凸块，轧制后，凸块被压成薄片，黏附于型钢表面。

（2）轧件表面皮下气泡破裂，压成薄片，黏附于型钢表面。

（3）轧制中氧化铁皮压入轧件表面，特别在刻痕轧槽内轧制，容易形成鳞层。

（4）轧件在孔型内打滑，使金属局部堆积，轧制后形成鳞层。

不锈钢最容易发生鳞层，一旦发生鳞层要及时更换磨损严重的轧槽，并对磨损及黏物的导卫进行更换。对有表面皮下气泡的轧件要清理。

6.1.10　分层

分层是在型钢断面上的一种呈线纹状的缺陷，分层处伴随有夹杂物。其产生原因有：

（1）镇静钢的缩孔或沸腾钢的气囊未切净。

（2）钢坯尾孔未切净。

（3）铸坯内部严重疏松，在轧制时，未焊合，严重的内部夹杂和皮下气泡也会造成断面分层。

在分层处夹杂较多，即使经过轧制也不能焊合，严重时使钢材开裂成两半。分层使钢材强度降低，也常常造成钢材开裂。带有分层的型钢通常要挑出判废。分层一般常出现在模铸相当于钢锭头部的那段钢材中，或发生在用第一支连铸坯或最后一支连铸坯轧成的钢材上。

6.1.11　结疤

结疤呈舌状、块状、鱼鳞状嵌在型钢表面上。其大小厚度不一，外形有闭合或不闭合、与主体相连或不相连、翘起或不翘起、单个或多个成片状。铸钢造成的结疤分布不规则，下面有夹杂物。结疤的产生原因有：

（1）铸锭（坯）浇注过程中钢水飞溅。

（2）轧槽刻痕不良，成品孔前某一轧槽掉肉或黏结金属。

（3）轧件在孔型内打滑造成金属堆积或外来金属随轧件带入槽孔。

（4）槽孔严重磨损或外物刮伤槽孔。

发现这种缺陷应进行换槽或换辊。如果车间有条件，在喂钢前应将冷头切去。局部小的结疤可以通过修磨消除，面积过大、过深的结疤对钢材性能影响较大，应该判废。

6.1.12　发纹

发纹又称发裂，是在型钢表面上分散成簇断续分布的细纹。它一般与轧制方向一致，其长度、深度比裂纹小。其产生原因有：

（1）铸锭（坯）皮下气泡或非金属夹质物轧后暴露。

（2）加热不均、温度过低或轧件冷却不当。

（3）粗轧孔槽磨损严重。

出现发纹应及时更换轧槽，并将刚才表面的发纹通过修磨消除。

6.1.13　表面夹杂

夹杂是指型钢的断面上有肉眼可见的分层，大小形状无规律。炼钢带来的夹杂一般呈白色、灰色或灰白色；在轧制中产生的夹杂一般呈红色或褐色，有时也呈灰白色，但深度一般很浅。在分层内夹有呈灰色或白色的杂质，这些杂质通常为耐火材料、保护渣等。

夹杂可以通过肉眼观察、取样作低倍高倍检验分析，人工目视可见的要给予判废。

造成夹杂的原因是在出钢过程中有渣混入钢液，或在铸锭过程中有耐火材料、保护渣混入钢液。夹杂会破坏型钢的外观完整性，降低钢材的刚度和强度，使钢材在使用中开裂或断裂，是不允许存在的。

6.1.14　刮伤

刮伤又称划伤、擦伤，一般呈直线或弧形的沟痕。其深度不等，方向不一，长度不同，通常可见沟底。其产生原因有：

（1）导卫装置加工不光滑，安装不当，摩擦严重或黏有氧化铁皮等物。

（2）孔型侧壁磨损严重，造成轧件弧形划痕。

（3）轧件在运送过程中擦伤。

刮伤是常见的表面缺陷，可通过目测和金相进行判定。通常是由于导板表面不光，有夹砂、裂纹及其他突出部分，或者是导板过紧、出口处卡钢等原因造成的。

为防止导板与轧件接触面过大而擦伤轧件，导板通常做成凹槽及圆弧。此外，导板侧壁的加工应光洁，安装前必须进行严格检查，若有凹凸粗糙之处要磨光后再安装。

6.1.15 麻点

麻点又称麻面，表现为型钢表面成片或成块的凹凸不平的粗糙面，多数呈连续分布，轻微者也有局部或周期性分布。其产生原因有：

（1）轧辊冷却不良，成品孔或成品前孔轧槽磨损严重，表面不光滑。

（2）氧化铁皮破碎压入钢材表面。

（3）槽孔严重锈蚀。

出现麻点后，应及时更换轧槽。钢坯表面的麻点对钢材质量影响不大，因为钢坯轧成钢材时，麻点将被碾平而消除；若麻点产生在钢材表面上，就会严重影响钢材质量。另外，在生产过程中应采取措施尽可能去除氧化铁皮，以减少麻点。

6.1.16 凹坑

凹坑是型钢表面条状或块状的凹陷，它周期性或无规律地分布在型钢表面上。其产生原因有：

（1）轧槽、滚动导板、矫直辊工作面上有凸出物，轧件通过后产生周期性凹坑。

（2）轧制过程中，外来的硬质金属压入轧件表面，脱落形成。

（3）铸锭（坯）在炉内停留时间过长，造成氧化铁皮过厚，轧制时压入轧件表面，脱落后形成。

（4）粗轧孔磨损严重，啃下轧件表面金属，再轧时又压入轧件表面，脱落后形成。

（5）铸锭（坯）结疤脱落。

（6）轧件与硬物相碰或钢材堆放不平整压成。

出现凹坑后，应及时更换轧槽。

6.1.17 凸块

凸块是指型钢表面呈周期性凸起。

其产生原因是：成品孔或成品前孔轧槽有砂眼、掉块或龟裂。

6.1.18 形状不正

形状不正是指型钢截面形状不符合规定要求。这类缺陷名称繁多，随品种不同而异。如：圆钢的椭圆，方钢的菱形，扁钢的平行四边形，工字钢和槽钢的腿斜、腰波浪、腿缺肉，角钢的顶角大小及腿不平等。

形状不正的产生原因有：

（1）孔型、导卫装置、矫直辊辊型设计不合理。

（2）轧辊、导卫装置、矫直辊安装、调整不当或严重磨损。

6.1.19 轧痕

轧痕是指型钢表面呈连续性或周期性的凸凹的印痕，其高度与深度不太明显。

周期性轧痕在型钢上呈规律性分布，前后两个轧痕出现在轧件同一部位、同一深度，两者间距正好等于所在处轧辊周长。周期性轧痕是由于轧辊掉肉或孔型中贴有氧化铁皮而造成的在轧件表面的凸起或凹坑。非周期性轧痕是导卫装置磨损严重或辊道等机械设备碰撞造成钢材刮伤后又经轧制而在钢材表面形成棱沟或缺肉，其大多沿轧制方向分布。

6.1.20　角不满

角不满是指型钢的棱角未充满，超过允许范围。其形式包括塌角、钝角和圆角，一般通长或局部出现。

其产生原因有：

（1）孔型设计不合理或轧机调整不当，角部充不满。

（2）轧辊轴向固定不牢，进口导板安装不当或严重磨损。

（3）轧件打弯，再轧进孔后轧件不正。

（4）矫直辊辊型设计不合理或调整不当。

（5）轧件温度过低。

出现棱角未充满情况时，应及时对轧机进行调整。

6.1.21　尺寸超差

尺寸超差是指型钢的各部分尺寸超出规定的公差范围。

其产生原因有：

（1）孔型设计不合理。

（2）轧机调整操作不当。

（3）轴瓦、轧槽或导卫装置安装不当，磨损严重。

（4）加热温度不均造成局部尺寸超差。

出现尺寸超差时，应及时对轧机进行调整。

6.1.22　弯曲

弯曲是指型钢沿垂直方向或水平方向不平直现象。一般为镰刀弯或波浪弯，有时也出现反复的水波浪弯或仅在端部出现弯曲。

其产生原因有：

（1）成品孔导卫装置安装不良。

（2）轧制温度不均、孔型设计不当或轧机操作不当，使轧件延伸不一致。

（3）冷床不平、移钢拨爪不齐、成品冷却不均。

（4）热状态下成品吊运或堆放不平整，造成吊弯、压弯等。

（5）成品孔出口导板过短或轧件运行速度过快，撞挡板后容易出现端部弯曲。

（6）矫直机操作调整不当。

（7）矫直机各辊压力不均或轴套辊芯磨损严重，产生水波浪弯曲。

（8）截面极不对称，腹部较宽、较薄的异型断面钢材，当成品孔压下量过大时，轧件出现严重拉缩现象，腹部往往出现水波浪弯曲。

6.1.23　拉穿

拉穿是指型钢腰部出现横向月牙状、舌形孔洞，缺陷内比较洁净。拉穿在截面对称的腿部面积大于腰部面积的异型断面钢材的腰部经常可见。

其产生原因是：孔型设计不当或轧机调整不当，使轧件腰与腿的延伸相差过大，产生严重的拉缩现象，将腰部位拉成孔洞。

6.1.24 波浪

H 型钢波浪可分为两种：一种是腰部成搓衣板状的腰波浪，另一种是腿端呈波峰波谷状的腿部波浪。两种波浪均造成 H 型钢外形的破坏。

波浪是由于在热轧过程中轧件各部分伸长率不一致造成的。当腰部压下量过大时，腰部延伸过大，而腿部延伸小，形成腰部波浪，严重时还可将腰部拉裂。当腿部延伸过大，而腰部延伸小时，产生腿部波浪。另外还有一种原因可形成波浪，这就是当钢材断面特别是腰厚与腿厚设计比值不合理时，在钢材冷却过程中，较薄的部分先冷却，较厚的部分后冷却，在温度差作用下，在钢材内部形成很大的热应力，这也会造成波浪。解决此问题的办法是：合理设计孔型，尽量使不均匀变形在头几道完成；在精轧道次要力求 H 型钢断面各部分腰、腿延伸一致；减小腰腿温差，可在成品孔后往轧件腿部喷雾，以加速腿部冷却，或采用立冷操作。

6.1.25 腿端圆角

H 型钢腿端圆角是指其腿端与腿两侧面之间部分不平直，外形轮廓比标准断面缺肉，未能充满整个腿端。

造成腿端圆角有几方面原因：

（1）开坯机的切深孔磨损，轧出的腿部变厚，在进入下一孔时，由于楔卡作用，腿端不能得到很好的加工。

（2）在万能轧机组轧制时，由于万能轧机与轧边机速度不匹配，出现因张力过大造成的拉钢现象，使轧件腿部达不到要求的高度，这样在轧边孔中腿端得不到垂直加工，也会造成腿端圆角。

（3）在整个轧制过程中入口侧腰部出现偏移，使得轧件在咬入时偏离孔型对称轴，此时也会造成腿端圆角。

6.1.26 腿长不对称

H 型钢腿长不对称有两种：一种是上腿比下腿长或短；另一种是一个上腿长，一个下腿长。一般腿长不对称常伴有腿厚不均现象，稍长的腿略薄些，稍短的腿要厚些。

造成腿长不对称也有几种原因：一种是在开坯过程中，由于切深时坯料未对正孔型造成切偏，使异型坯出现一腿厚一腿薄，尽管在以后的轧制过程中压下量分配合理，但也很难纠正，最终形成腿长不对称；另一种是万能轧机水平辊未对正，轴向错位，造成立辊对腿的侧压严重不均，形成呈对角线分布的腿长不对称。

6.1.27 内外并扩

内外并扩是指腿部与腰部不垂直，破坏了型钢的断面形状。

其产生原因主要是因为成品出口导板调整不当。

6.2　精整缺陷及消除

（1）矫裂。型钢矫裂即矫直时出现裂纹。造成矫裂的原因：一是矫直压力过大或重复矫直次数过多；二是被矫钢材存在表面缺陷（如裂纹、结疤）或内部缺陷（如成分偏析、夹杂），局部强度降低，一经矫直即造成开裂。消除矫裂的方法是减小矫直压力，提高钢材内部质量。

（2）矫痕。型钢矫痕是指由于矫直圈上贴有氧化铁皮或其他金属外物，在矫直时这些氧化铁皮或外物在钢材表面形成等间距出现的凹坑。消除矫痕是在矫直前应保持轧件表面光洁。

（3）内并外扩。H 型钢的内并外扩是指腿部与腰部不垂直，破坏了断面形状，通常呈上腿并下腿扩或下腿并上腿扩的状态。内并外扩是因成品孔出口导板调整不当造成的，以后虽经矫直，但很难矫过来，因为矫直机多采用下压力矫直。

思 考 题

6-1　什么是耳子？其产生的原因是什么，如何解决？

6-2　轧件表面裂纹产生的原因是什么？它与划伤、折叠有何不同？

6-3　什么是分层？其产生的原因是什么，如何解决？

6-4　什么是轧痕？其产生的原因是什么，如何解决？

6-5　H 型钢波浪产生的原因是什么？

6-6　H 型钢腿端圆角产生的原因是什么？

6-7　型钢矫裂的原因是什么？

6-8　什么是麻点？其产生的原因是什么，如何解决？

7 型钢生产事故及其处理

7.1 轧制事故及其处理

轧钢生产是流水线操作，不管哪一环节出现差错，都会导致生产事故的发生，给企业带来经济损失。轧制生产中常见的事故有缠辊、跳闸和卡钢、打滑、爆辊、冲导卫、喂错钢、倒钢、掰辊环及崩套筒等。一个合格的轧钢工应能迅速判断事故的原因，对症下药，迅速恢复生产。

7.1.1 缠辊

缠辊常常发生在轧件断面较小的情况下，且闭口孔型更易发生。对于轧钢生产来说，缠辊是一件比较大的事故，严重的缠辊可以使轧辊折断或者使牌坊、连接轴、人字齿轮、减速箱和电动机等受到损坏。

当轧件的断面尺寸比较大时，由于轧件的刚度较大，虽不致缠辊，但会造成轧件弯曲。产生弯曲的轧件，喂钢时不仅要浪费许多时间，而且易造成人身事故或将钳子、撬棒等工具拽进轧辊中去，损坏设备，所以缠辊应杜绝发生，弯曲尽量避免。

轧件产生缠辊（或上翘或下弯）的原因及解决办法如下：

(1) 铸锭（坯）加热温度严重不均匀，轧制前又没有翻好阴阳面，使阴面朝上进入孔槽轧制，从而造成轧件严重向上弯曲。

阴阳面比较严重的铸锭（坯），很难通过调整轧机来制止它产生弯曲，因此，当发现从炉子出来的铸锭有较明显的阴阳面时，不应送往轧机，加热工应延长坯料的加热时间，直到阴阳面的差别不太明显后才能出钢，一般控制阴阳面温差不超过50℃。

(2) 出口横梁的位置安装不正确，安装得太高或太低都会造成出口卫板倾斜。出口横梁太高时，轧件向上弯曲，反之则向下弯曲，如图7-1所示。

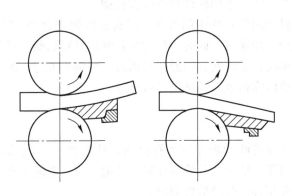

图 7-1　横梁位置不正确造成轧件弯曲

为此，换辊时必须保证横梁位置安装正确，在轧制过程中，还要经常对横梁及导卫板进行检查。

（3）崩套筒。当轧辊连接杆中某一个轴套在轧制中碎裂，就会使这个轧辊停转，但另一个轧辊继续转动，因而造成过大的速度差，使轧件产生很大的弯曲或缠辊。

（4）轧件劈头。易切削钢最易产生，当头部温度过低或头部有开裂现象时，从断面中心劈成上下两部分，上部绕在上轧辊上，下部绕在下轧辊上。模具钢塑性差，温度不均时也易产生劈头。防止办法是：除应使钢加热均匀、温度适当外，如发现有劈头轧件，应予切除，方可喂入。

（5）出口卫板太短。出口卫板装得不好，不但使孔型很快被磨损，而且也使出口卫板的尖端很快被磨损。由于卫板过短，发生弯曲的轧件得不到卫板的矫直作用，就可能发生缠辊。有时由于轧件的冲击作用，把出口卫板的尖端打断，也会造成缠辊。为了避免这一事故，应经常对卫板进行检查，及时更换磨得过短的卫板。

7.1.2　跳闸和卡钢

跳闸是由于轧制负荷过大，主电动机电流超过危险值而引起的。这时，过电流继电器自动将电源切断，迫使电动机和轧辊停止转动。轧辊停转后，正在轧制的轧件被卡在轧辊中而造成卡钢。

发生跳闸后，若没有同时发生卡钢事故，可重新启动电动机，继续轧制。若同时发生卡钢事故，则应立即关闭冷却轧辊的水源，并放松压下螺丝和抬起出口处轧件，再将轧辊反向转动，使轧件退出孔型。抬起出口处轧件的目的是防止轧辊反转时轧件把出口卫板带入轧辊而损伤孔型。当轧件退不出时，可用气割将出口部分轧件在孔型处切断，但不可损坏孔型。若只有轧件尾部卡在轧辊中且钢温较高时，可继续转动轧辊，使轧件轧出。

7.1.3　打滑

加热温度很高的钢，在空气中其表面生成的氧化铁皮又细又薄，在轧制中起润滑作用，使摩擦系数大大下降，这种轧件咬入轧辊后会停在孔型中，轧辊虽继续转动，但轧件不再前进，这种现象称为打滑。

处理打滑的关键是增大摩擦系数，因此，生产中常采用在孔型入口处向轧件表面撒冷氧化铁皮或浇少量水的方法，帮助轧件顺利通过孔型。

造成打滑的另一种原因是轧件中间打结，或夹板内带进杂物，轧件头部虽喂入孔型，但其他部分仍在夹板中不能通过，此时，只能把轧件用气割切断，进行清除。

在轧制方坯或方钢时，精轧孔、箱形孔辊锈大，磨槽不充分，轧制时摩擦力过小，产生打滑现象。出现打滑时需根据不同情况进行处理。

7.1.4　爆槽

由于操作不慎等原因将硬的物体带入孔型内，使辊面上形成凹坑，这种现象称为爆槽。例如操作不慎把钳子、螺栓及其他零件带入轧辊，或一时轧件喂不入，头部被冷却水浇黑后而又突然喂入孔型等，都要造成爆槽。

在成品或成品前孔发生爆槽时，应更换孔型。在开坯道次，若凹坑不深，可停车后用小锤敲打辊面，使凹坑呈较平滑地过渡，这种轧槽尚可使用；若凹坑过深，则应换轧槽或轧辊轧制。

7.1.5 断辊

断辊分两种情况，一种在辊颈与辊身接触处断裂，另一种在辊身上断裂。

造成前一种断辊的原因是：

（1）辊颈缺少冷却水，辊身与辊颈冷热不均匀。

（2）轴瓦与辊颈剧烈地摩擦，不仅辊颈产生很高的热应力，同时辊颈变细，承受不了轧制压力而断裂。

（3）辊颈和辊身接触处是应力集中的地方，辊颈疲劳强度降低造成断裂。

造成辊身断裂的原因是：

（1）强度不够造成断裂，如压下量过大、钢温过低（包括喂黑头子钢），造成轧制压力超过轧辊强度极限允许值，造成断裂。

（2）热应力过大造成断裂，如成批生产马氏体型高合金钢，为防止轧件碎裂，辊身不准用水冷却，轧制后，再轧制其他钢种时，辊身应当冷却，冷却水若过激地浇在辊身上，当辊面与辊心热应力超过轧辊强度极限时，造成辊身断裂。

上述几种情况都会引起断辊，但是断辊一般都是几种情况综合作用引起的。断辊会造成很大的损失。为避免不必要的断辊事故，调整工要经常注意轧制条件的变化，并及时采取有效的措施，以保证轧机正常地工作。换辊时，必须正确安装轧辊及轧机的各个部件。轧制时，操作人员也应按操作规程进行操作。出现断辊事故要及时分析原因，总结经验教训。

7.1.6 冲导卫

冲导卫即轧件在孔型出口处，将卫板或导管顶掉。造成冲导卫的原因是：

（1）卫板或导管前端安装时高于轧槽底部。

（2）卫板或导管因轧制时激烈的振动而松动，使其前端跳起，超过轧槽底部。

（3）喂黑头钢、劈头的轧件易冲导卫。

这种事故很危险，因轧件冲击力量很大，尤其当轧件断面较大时，一旦顶住卫板极易把卫板腿部折断，使卫板飞出，以致伤害操作人员。因此，操作人员操作时，应尽量避免置身于孔型正前方。

7.1.7 喂错钢

由于操作不慎，将轧件错喂入其他孔型中，这种事故也很危险。

若小断面的轧件，错喂在大的孔型中，因无压下量，穿过后再重新轧制。

若大断面轧件，错喂在小的孔型中，因压下量过大而可能造成断辊事故，或者造成轧件出轧辊后毫无规律地乱窜，一般是向上窜，同时产生很大的镰刀弯，极易造成人身安全事故，特别是线材和小规格轧件威胁很大。为了避免这种事故发生，凡不使用的孔槽应一律用遮掩物挡严，而正在使用的槽孔固有导卫板装置，大断面轧件不会喂入小孔。

7.1.8 倒钢

轧件在孔型中轧制一段时间后，突然绕其纵轴旋转90°，使断面畸形，两侧产生宽而厚的耳子，这种现象称为倒钢（亦称倒坯子）。箱形孔型系统、菱-方孔型系统、椭圆-圆孔型系统等都可能产生倒钢。

产生倒钢的原因和产生扭转的原因一样，都是由于在轧件断面上作用有一个力偶。当力偶较小时，轧件仅产生扭转，如果力偶很大，则产生倒钢。

产生轧件倒钢力偶的原因有：

（1）孔型错开。

1）安装轧辊时，上、下轧槽未对正。

2）轧辊轴向没有固紧。

3）孔型车削时窜位。

4）孔型两侧辊缝相差过大。

在轧辊上车削轧槽时，某个孔型的上、下轧槽错开，而其他孔型的轧槽车削正确，这就不能用调整轧辊的办法来解决。

（2）进入孔型的轧件形状不正确。

1）轧件断面"脱方"，对角线差别大，近似平行四边形，进入箱形孔型时，只有两个对角与孔型接触，两点受力，形成力偶，造成倒钢。

2）箱形孔出来的轧件，由于宽展大，侧面突出或出耳子，经翻钢板翻转90°后，在辊道上站立不稳，不能保证直立（长轴线垂直）进入孔型，而是倾斜着进入孔型，造成在孔型中两对角处接触，也会形成力偶，造成倒钢。解决办法：另设计一套孔型，适应宽展大的特点；原孔型不动，强化入口导板，扶正轧件，使轧件开始时就正确送入孔型；适当增大孔型的槽底凸度，使轧件在孔型中有较大的宽展余地，减少或消除侧边鼓肚，还可适当调整孔型槽底圆角和侧壁斜度，以适应宽展大的特点。

3）轧件扭转过大，咬入时前半段轧件直立进入孔型，后半段轧件因扭转而倒下。

（3）操作问题。

1）铸锭（坯）横断面上加热不均（阴阳面），操作人员又没根据要求翻好阴阳面，再加上其他原因，经常造成轧件在箱形孔中倒钢。

2）轧件送入孔型不正确。通常当轧件中心线对准孔型的中心线进入孔型时是不会倒钢的，若送钢不正或轧件本身头部断面畸形，则轧件进入孔型后很容易倒钢。

3）入口导板安装歪斜、两导板间距过大或者导板固定不紧，都会造成倒钢。因此，必须严格按要求正确安装导板并经常检查，防止生产中发生松动而造成倒钢。

4）在用钳子操作的轧机上，因钳子夹不正使轧件倾斜进入孔型也会造成倒钢。

7.1.9　崩辊环

崩辊环又称掰辊环，是因某种原因使轧辊辊环被崩损，其相邻的孔型也同时报废。

产生崩辊环的原因有：

（1）孔型设计不合理，辊环宽度小，承受不了轧件对孔型的侧压而崩损。

（2）调整不当，生产槽钢，成品前孔、再前孔孔型磨损严重，轧件腿部过肥，成品新槽时易产生掰辊环。

（3）导板安装在孔型外，特别是当低温轧件喂入孔型时，撞击辊环而崩损。发生崩辊环时，只有更换孔型或换辊。

7.1.10 爆套筒

爆套筒是指在轧制过程中套筒被崩碎，若孔槽中有轧件时，将同时发生卡钢。

其产生原因有：

（1）套筒本身存在有缺陷。

（2）套筒使用过久，个别梅花瓣已被磨损或已被崩损。

（3）轧机负荷大，短时间内轧制力猛增，如喂低温钢、黑头子及在同一轧制线同时过钢根数过多等。

（4）由于调整不良，轧制负荷增加从而引起套筒爆裂。

（5）连接轴倾斜过大，造成轴套局部受力。

发生爆套筒时，只有更换套筒。为了避免爆套筒，要控制钢温，严禁喂黑头子钢、低温钢，换辊时检查套筒，按要求更换套筒，如轴瓦磨损严重引起连接轴倾斜过大，应及时更换轴瓦。

以上是常见型钢轧制事故，不论发生哪种轧制事故，轻者中断轧制，影响轧机作业率及产品质量等，严重的会发生设备事故，甚至发生人身安全事故，后果不堪设想。因此，分析各类轧制事故的目的在于尽量少发生各类轧制事故，使轧机保持长时间的正常工作。

7.2 精整事故及其处理

7.2.1 锯切事故及其处理

（1）撞锯片。在锯切过程，由于操作不慎，特别是新工人操作，容易发生撞锯片现象。即用红钢把正在飞转的锯片撞碎，飞出去有时还可能伤人，这是较大的操作事故。

发生撞飞锯片的主要原因是：一是钢有大翘头；二是辊道上来回错钢不注意而使翘头钢撞到锯片上；三是锯切低温钢时，锯切阻力突然增大，而使锯片炸裂；四是锯切过程中，把锯片作为挡板用。

为了避免上述事故的发生，热锯操作人员一定要精力集中，台上操作工和台下锯口工一定要配合好。操作工绝对不允许将锯片做挡板用。遇有大翘头的钢，由台下锯口工弄平后再锯。锯机周围人员不许正对锯机站着，以免万一锯片飞出伤人。不得使用裂纹过多、裂纹过长的锯片。使用薄锯片时，要采用特殊防护罩。锯口盖板位置要放正，不得挨着锯片。

（2）大量的去头不足。少量的去头不足是操作中不可避免的。大量的去头不足主要是由于锯切时，对切头长度估计不准，有时是片面地追求提高成材率所造成的。

锯切人员应该加强责任心，并要经常测量切头、切尾长度。经常与检查人员联系，以避免锯切质量发生。

7.2.2 冷却操作中的常见事故及其处理

（1）混号。冷却操作造成的混号事故主要是在床面上推混，即把两个炉号的钢推在一起，或在下床收集时造成，另外，跑炉号工没有盯住最后一根也能造成混号。

一旦发生混号时，冷床应立即停止操作，迅速处理，如果混得不太厉害，可以用前后数根数的方法查找。如果混得厉害，批量也多，则要先积压起来，需要取样化验才能确认。

　　为了防止精整混号，首先跑号工应该盯住每炉钢的最末一根，钢材上冷床之前，一边敲钟（或吹哨、打手势等动作）报告给冷床操作人员，一边眼睛看住钢材，确认上冷床无误以后才可离开。冷床上一个床子最好放同一炉钢，如果一床子同时放两炉钢时，应有明显的标记隔开（如压钢头、扔木柴生火、拴钢丝等方法），并且通知收集入库人员。标牌工应及时检查标牌，做到牌与物相符。

　　总之，防止混号，做到按炉送钢是每个精整操作人员都应该做到的事情。

　　（2）弯钢。弯曲度很大的弯钢主要是由于红钢在冷床上移钢不正确所造成的，如移钢拨爪不齐或中途受阻都能造成大弯钢。

　　还有在收集过程中，下床温度太高，吊弯；堆放不齐整，压弯等也能造成大弯钢等。

　　减少大弯钢主要是加强操作，千方百计地降低钢材的下床温度。吊运、堆放时多加注意也能减少弯钢。

　　（3）裂纹。对于某些要求特殊冷却操作的合金钢没有按要求进行冷却，违反操作规程，如需要缓冷和堆冷的钢材反而采用了空冷和水冷，就会使钢材表面产生裂纹。

　　为此对于合金钢材的冷却方法和操作一定要特别注意，严格按操作规程办事。对于表面产生开裂的钢材可以用修磨的方法挽救。

7.2.3　矫直过程中的常见事故及其处理

　　矫直机正常操作时，很少发生事故，但在操作不注意和钢料有问题时，也可能发生意外事故。常见的事故有：

　　（1）矫断。正常生产时，很少发生此类事故。某厂在矫直轻轨时，却数次发生这类事故。其主要原因是由于轻轨含碳量较高，一般含碳量在 0.55%~0.65%，而且由于轻轨弯曲大，矫直压下量也大。两头的断裂比中间部分要多。

　　矫直轻轨时，操作人员注意力一定要高度集中，一旦发现断裂，立即停车处理，有时还需要开倒车，将轧件退出，否则可能出现"闷车"现象，断裂的钢头还可能将矫直辊顶弯，造成较大的设备事故。

　　（2）双钢进辊。矫直时，由于操作人员想提高产量或者操作不熟练，头一条钢没有完全过去就喂进了第二条钢，轻者造成"搭头"，重者两根钢几乎同时进入矫直机，造成矫直机负荷极度增大，还可能发生断轴等设备事故。

　　一旦发生双钢进辊时，应立即停车，开倒车将后一钢退出来。两根钢适当拉开一定的距离则可以避免此类事故发生。

思 考 题

7-1　什么是缠辊？其产生原因是什么？
7-2　什么是打滑？其产生原因是什么？
7-3　出现卡钢事故后如何解决？
7-4　什么是倒钢？其产生原因是什么？
7-5　什么是混号？其产生原因是什么？
7-6　型钢矫断的原因是什么？

8 型钢孔型的优化

8.1 孔型设计的意义和程序

8.1.1 孔型设计的意义

8.1.1.1 孔型设计对产品质量的作用

型钢孔型设计不仅要保证能够轧出断面几何形状正确和断面尺寸在允许偏差范围内的成品，同时还应保证容易轧出断面形状和尺寸均满足要求的成品，而且能保证产品精度高，表面光洁，无耳子、折叠、麻点、刮伤等表面缺陷，金属内部的残余应力小，金属的金相组织及力学性能良好。

A　精度

提高型钢断面形状和尺寸精度能使型钢的使用和深加工简化。如在生产螺栓时，可省去拉拔工序，既节材又节能，因而显著地降低产品成本，提高社会效益。

提高产品尺寸精度，减小正偏差范围对于节材具有重要的作用。如等边角钢边厚正偏差减小 20%~30%，则可节约钢材 1.6%~2.5%；若按负偏差轧制，节约金属将更多。

影响型钢断面形状尺寸精度的因素，除了加热、轧机系统、机架形式与刚度、轴承形式、轧辊车削精度、轧辊轴向固定、轧机调整等等之外，还有孔型系统、孔型数、孔型形状、孔型中的压下量以及孔型在轧辊上的配置等。

(1) 孔型系统。型钢孔型系统对所轧成品的精度有直接影响。如轧制 $\phi16mm$ 圆钢，若用方-椭圆-圆孔型系统，则成品断面的椭圆度平均为 0.9mm；若用万能孔型系统（或称通用孔型系统），其成品断面直径差为 0.26mm；若用椭圆-圆-椭圆-圆孔型系统，轧出圆钢断面直径差平均为 0.07mm。因此生产高精度的小型圆钢，应使用椭圆-圆-椭圆-圆孔型系统。

(2) 孔型的数目。一般情况下，在较多孔型中轧制比在较少孔型中轧制时的型钢断面尺寸精度高。如轧制扁钢，若用 2 个立压孔，就比用 1 个立压孔轧制出的成品形状更正确，宽度尺寸的精度也高。但多用立压孔将使总的孔型数增多。

(3) 孔型形状。如轧制圆钢时，成品前椭圆孔型的形状愈扁，成品圆钢的尺寸愈不精确。

(4) 孔型中的压下量。特别是成品孔中的压下量对成品的精度影响更大。一般在成品孔型中采用较小的压下量。但是压下量过小，调整轧辊稍有不当，如轧辊不够水平，就会对成品的精度产生不良影响。在轧制较薄的轧件时，成品孔型中最小压下量最好不小于轧件轧前厚度的 5%，或绝对压下量最好不小于 0.5mm；而轧制厚度为 10mm 或 10mm 以上的扁钢时，最小压下量以 1mm 为好。

（5）孔型在轧辊上的配置。孔型数目相同，且孔型形状相同，但由于孔型在机架上分布不同，以及各个孔型在同一机架上的配置不同，所轧出的成品尺寸精度也不相同。轧制异型钢，甚至在成品孔型中所用上压或下压及其大小也对成品断面形状和尺寸有影响，如轧制重轨，采用一定的下压，则对保证成品重轨的上下腹高尺寸相等就有明显的影响。

B　表面质量

孔型设计对型钢成品表面质量的影响主要表现在表面粗糙度和表面缺陷上。

（1）表面粗糙度。孔型设计若采用易于去除钢坯表面氧化铁皮的孔型，以及将精轧孔型中的变形量适当减小，则有利于保证和提高成品表面的粗糙度。

（2）表面缺陷。成品表面如出现耳子和折叠，除了因轧机和导卫装置调整不当之外，孔型设计时若对轧件的横变形，如轧件的宽展、异型轧件边部增长拉缩估算不当，或孔型的构成不当，也会在成品表面上造成耳子和折叠。

（3）表面裂纹。成品表面的裂纹除与钢锭或钢坯本身原有裂纹、对钢锭或钢坯表面清理不当或加热不当有关系之外，与孔型设计所用孔型系统、压下量、变形的均匀程度以及估算轧件宽展的精度也有较密切的关系。如采用菱-方孔型系统轧制某些钢种，有时在轧件角部出现裂纹，若改用椭圆-方孔型系统或在原有的菱-方孔型系统中采用一组椭圆-方孔型系统，轧件角部裂纹就可能消失。

C　内裂与残余应力

型钢成品中的内裂，除了钢锭或钢坯原有内裂保留到成品或加热不当形成内裂之外，在孔型设计时由于前几道次相对压下量小，轧件内部有时形成拉裂，若在后续道次中不给以足够的压下量使之焊合，其内裂也将保留在成品中。在精轧孔型中若不均匀变形严重，则易在成品中出现残余应力。

D　金属组织与性能

孔型设计时精轧道次中压下量的大小，常影响成品的金属组织与性能。如在精轧道次中用较大的压下量，则有利于成品力学性能的提高。在轧制重轨时，孔型系统就影响成品钢轨的抗弯和反复冲击下的疲劳，若用四辊孔型轧制重轨，其各项力学性能指标都将大幅度提高。

8.1.1.2　孔型设计对轧机生产能力的作用

孔型设计所确定的轧制节奏时间和轧机作业率以及所选坯料断面与重量都关系着轧机的生产能力。

影响轧制节奏时间的主要因素是轧制道次，一般情况下轧制道次愈少，轧制节奏时间愈短，轧机的生产能力愈高。但在交叉轧制条件下，有时不仅不减少轧制道次，反而适当增加轧制道次，以便创造交叉轧制的条件来缩短轧制节奏时间。

影响轧机作业率的主要因素有孔型系统、孔型和导卫装置的共用性和负荷分配等。孔型系统选择不当，会造成操作困难，增加轧制的间隙时间，甚至增加停机的调整时间；当备用孔型及其数目确定不当或孔型的共用性差，则会增加换辊次数；若孔型的负荷分配不合理，则不可避免地或因轧制困难而影响轧机的生产能力，或因个别孔型磨损过快而使换孔型或换轧辊的次数增加，或易造成断辊，这些都会影响轧机的作业率。

在既定的型钢轧机上，轧辊直径的变化范围是既定的，所轧型钢产品规格也是既定的，应用的钢坯断面尺寸范围同样是既定的。若使用比既定值大的钢坯轧比既定值大的成品，则为小机轧大材；相反地用比既定值小的钢坯轧比既定值小的成品，则为大机轧小材。这两种情况都会使轧机的生产能力下降。

合理的孔型设计应能充分发挥轧机的生产能力，其中包括设备强度和电动机能力，以及满足工艺上的许可条件，如咬入条件、轧制稳定性和交叉轧制条件，以求达到轧机的最高生产能力。

采用较新的轧制方式，可明显地提高轧机生产能力。如采用无孔型轧制，由于轧辊的共用性大，换轧产品时常常可不必换辊或少换辊，调整轧机也简便，可使轧机停工时间大为减少，如有的厂可减少 37%；换辊时，由于轧辊和导卫装置的调整简便，因此换辊时间可缩短；此外在轧制过程中轧卡和中间轧废事故少，处理这类事故的时间也因此减少，因此轧机的作业率可大为提高，如有的厂改用无孔型轧制后，轧机的作业率提高 5%。又如，采用切分轧制，它与传统的单根轧制相比，可显著地缩短总的纯轧时间和间隙时间，如某厂用边长为 150mm 方坯轧制 ϕ16mm 钢筋，单根轧制时，轧机小时产量为 85t，采用切分轧制后，小时产量达 120t，小时生产能力提高 40%；某厂轧制 ϕ13mm 钢筋，单根轧制轧机小时产量为 35t，用切分轧制后达 61t，小时生产能力提高 70%。

8.1.1.3 孔型设计对金属消耗的影响

孔型设计对金属的消耗有较大影响，如对钢坯断面尺寸和长度的确定，它直接影响定尺率。孔型设计不合理，就可能造成孔型充不满或过充满，成品断面形状不正确和尺寸不合格，或出现耳子与折叠等，造成轧制不稳定，引起操作困难，中途轧废增多，从而使废品率增多，相应地金属消耗也增加。

当轧制型钢和异型钢时，若合理地创造均匀变形条件，或合理处理与利用不均匀变形，则可使切头切尾量大为减少。如轧制工字钢时，用扁坯立轧比用普通轧法的切损可减少 30% 以上；当轧制重轨时，若用多辊孔型轧法，可使成材率提高 2%；用多辊孔型轧制简单断面型钢，同样可使切损减少。

开发异型钢的新品种规格，也是型钢孔型设计的主要任务之一。通过开发通用和专用型钢的品种规格，使成品型钢等于或接近零部件的形状和尺寸，对于大幅度节约金属和提高金属利用率有很大作用。

8.1.1.4 孔型设计对能耗的影响

除了加热炉结构、加热炉的热工制度和管理、钢坯热装温度、热装率和直轧率影响能耗之外，孔型设计对钢坯断面尺寸和长度的选择若能充分利用炉底强度，或通过采用共用性大的孔型系统，以减少换辊和换孔型次数以及调整轧机的时间，提高轧机作业率和生产能力，则可使能耗明显下降。如某厂由于采用无孔型轧制提高轧机作业率而使加热炉的燃料消耗减少 6%。在某些横列式轧机上，由于采用切分轧制，不论生产大还是小断面成品都可用较大断面的钢坯，能有效地发挥加热炉的能力，因而明显节能。如某厂 ϕ360×2/ϕ250×5 轧机，采用双线切分轧制后，平均煤耗降低 20.5%。

孔型设计所用的孔型系统或轧制方式直接影响电能消耗。一般情况下，应尽量使轧件的不均匀变形集中在轧制顺序的前几道次；在可能的条件下，使各孔型或道次中轧件的变形均匀；减少道次数，也可减少电能消耗。如采用变形较为均匀的平辊轧制，将比用孔型轧制的电能消耗减少 7%；用多辊孔型由于增大每道次的延伸能力，使变形均匀，仅将轧制工字钢的 9 个二辊孔型改用 4 个四辊孔型，可使电能消耗下降 5%~10%，仅用 1 个四辊成品孔型也可取得节电效果。某 $\phi320×2/\phi250×5$ 轧机采用双线切分轧制时，电耗可减少 17.5%，若用四线切分轧制 $\phi10mm$ 钢筋时，电耗可减少 30%。在采用常规延伸孔型系统轧制时，若根据轧件尺寸选用合适的延伸孔型，使轧件在所用的孔型中获得较大的延伸，也可以减少电能消耗。

8.1.1.5　孔型设计对成本的影响

为降低型钢生产的成本，必须降低各种消耗。由于金属消耗占成本的主要部分，所以在设计孔型时应特别注意提高定尺率和减少切损，以及按负偏差轧制，并且要注意消除因孔型设计不当而形成的产品缺陷和轧废，以便提高成品合格率和成材率，同时还要减少能耗和辊耗。

轧辊消耗除了与轧辊材质及其制造工艺以及轧制时对轧辊合理冷却密切相关之外，也与孔型设计直接相关。若使轧件在轧辊孔型中变形均匀或处理不均匀变形得当，孔型系统、孔型形状和变形量选择合理，孔型配置正确，轧辊消耗就会减少。若孔型设计不当，将造成孔型的局部磨损严重或在 1 个轧辊上的个别孔型的磨损严重，使车修轧辊时的车修量加大，轧辊消耗增加。用多辊孔型、无孔型轧制和大斜度的孔型都可减少轧辊消耗。

8.1.2　孔型设计的程序

（1）了解产品的技术条件。产品的技术条件包括产品的断面形状、尺寸及其允许偏差，也包括对产品表面质量、金相组织和性能的要求；对某些产品还应了解用户的使用情况及其特殊要求。

（2）了解原料条件。原料条件包括已有的钢锭或钢坯的形状和尺寸，或者是按孔型设计要求重新选定原料的规格。

（3）了解轧机的性能及其他设备条件，包括轧机的布置、机架数、辊径、辊身长度、轧制速度、电动机能力、加热炉、移钢和翻钢设备、工作辊道和延伸辊道、延伸台、剪机或锯机的性能以及车间平面布置情况等。

（4）选择合理的孔型系统。选择孔型系统是孔型设计的关键步骤之一。对于新产品，设计孔型之前应该了解类似产品的轧制情况及其存在的问题，作为考虑新产品孔型设计的依据之一。对于老产品，应了解在其他轧机上轧制该产品的情况及其存在的问题。在品种多、但产量要求不高的轧机上，应该采用共用性大的孔型系统，这样可以减少换辊次数及轧辊的储存量。但在品种比较单一，即专业化较高的轧机上，应该尽量采用专用的孔型系统，这样可以排除其他产品的干扰，使产量提高。

（5）总轧制道次数的确定。孔型系统选择之后，必须首先确定轧制该产品时所采用的总轧制道次数及按道次分配变形量。

1）当钢锭和所生产的钢坯断面尺寸为已知时，如用矩形断面的钢锭轧成矩形断面的钢坯（图 8-1），则总压下量为：

$$\Sigma \Delta h = (1 + \beta)[(H - h) + (B - b)]$$

$$\beta = \frac{\Delta b}{\Delta h} = 0.15 \sim 0.25$$

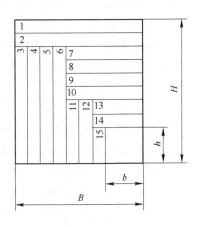

总轧制道次数为：

$$n = \frac{\Sigma \Delta h}{\Delta h_c}$$

式中　Δh_c——道次平均压下量，$\Delta h_c = (0.8 \sim 1.0)$
　　　　Δh_{max}。

图 8-1　确定总压下量的示意图

2）轧制型钢时，由于断面形状比较复杂，而且压下量是不均匀的，所以变形量通常用延伸系数来表示。当坯料和成品的横断面面积为已知时，总延伸系数为：

$$\mu_\Sigma = \mu_1 \mu_2 \mu_3 \cdots \mu_n = \frac{F_0}{F_1} \frac{F_1}{F_2} \frac{F_2}{F_3} \cdots \frac{F_{n-1}}{F_n} = \frac{F_0}{F_n}$$

式中　F_1，F_2，F_3，$\cdots$，F_{n-1}——各道轧后的轧件横断面面积；
　　　　F_0，F_n——坯料和成品的横断面面积。

如用平均延伸系数 μ_c 代替各道的延伸系数，则

$$\mu_\Sigma = \mu_c^n$$

由此可以确定出总轧制道次数

$$n = \frac{\lg \mu_\Sigma}{\lg \mu_c} = \frac{\lg F_0 - \lg F_n}{\lg \mu_c}$$

轧制道次数应取整数，具体应取奇数还是偶数则取决于轧机的布置。平均延伸系数 μ_c 是根据经验或同类轧机用类比法选取。

在实际设计时也可以根据轧机的具体条件，首先选择最合理的轧制道次，然后再求出生产该产品的平均延伸系数 μ_c。

$$\mu_c = \sqrt[n]{\mu_\Sigma}$$

最后将这一平均延伸系数与同类型轧机生产该产品所使用的平均延伸系数相比较。若接近或小于同类轧机的数据，则说明生产是可能的，若大于同类轧机的数据很多时，则需要增加道次。若增加道次也不能解决，则说明原料断面过大，需要首先轧成较小的断面，然后经过再加热才能轧出成品。

（6）各道次变形量的分配。分配各道次的变形量应注意以下几个问题：

1）金属的塑性。对金属的大量研究表明，金属的塑性一般不成为限制变形的因素。对于某些合金钢锭，在未被加工前，其塑性较差，因此要求前几道次的变形量要小些。

2）咬入条件。在许多情况下咬入条件是限制道次变形量的主要因素。例如在初轧机、钢坯轧机和型钢轧机的开坯道次，轧件温度高，轧件表面常附着氧化铁皮，故摩擦系数较低，所以，选择这些道次的变形量时要进行咬入验算。

3）轧辊强度和电动机能力。在轧件很宽而且轧槽切入轧辊很深时（如异型孔型），轧辊强度对道次变形量也起限制作用。在一般情况下轧辊工作直径应不小于辊脖直径。在新建轧机上，一般电动机的能力是足够的，仅在老轧机上，电动机能力往往限制着道次的变形量。

4）孔型的磨损。在轧制过程中，由于摩擦力的存在，孔型不断磨损。变形量越大，孔型磨损越快。孔型的磨损直接影响成品尺寸的精确度和表面的粗糙度。同时，孔型的磨损增加了换孔换辊时间，影响轧机产量。成品尺寸的精确度和表面粗糙度主要决定于最后几道，所以成品道次和成品前道次的变形量应取小些。

不难看出，影响道次变形量的因素是很复杂的，经常是各种因素综合起作用。

图 8-2 是变形系数按道次分配的典型曲线。它的主要依据是在轧制初期，因轧件温度高，金属的塑性、轧辊强度与电动机能力不成为限制因素，而炉生氧化铁皮使摩擦系数降低，咬入条件成为限制变形量的主要因素；继之，随着炉生氧化铁皮的剥落，咬入条件得到改善，而此时轧件温度降低不多，故变形系数可不断增加，并达到最大值；随着轧制过程的继续进行，轧件的断面面积逐渐减小，轧件温度降低，变形抗力增加，轧辊强度和电动机能力成为限制变形量的主要因素，因此变形系数降低；在最后几道中，为了减少孔型磨损，保证成品断面的形状和尺寸的精确度，应采用较小的变形系数。曲线的变化范围很大，这是因为要考虑其他意外因素的影响。

在实际生产过程中，为了合理地分配变形系数，必须对具体的生产条件做具体分析。如在连轧机上轧制时，由于轧制速度高，轧件温度变化小，所以各道的延伸系数可以取成相等或近似相等，如图 8-3 所示。

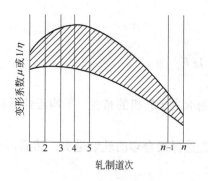

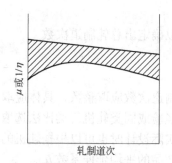

图 8-2　变形系数按道次分配的典型曲线　　图 8-3　连轧机上延伸系数按道次分配的曲线

各道次的延伸系数被确定之后，要用其连乘积进行校核。若其连乘积等于总延伸系数，则说明确定的各道次的延伸系数是对的；否则需调整各道次的延伸系数使其连乘积等于总延伸系数。

（7）确定轧件的断面形状和尺寸。根据各道次的延伸系数确定各道次轧件的横断面面积，然后按照轧件的断面面积及其变形关系确定轧件的断面形状和尺寸。

（8）确定孔型的形状和尺寸。根据轧件的断面形状和尺寸确定孔型的形状和尺寸，并构成孔型。应指出，有时孔型设计是根据经验数据直接确定孔型尺寸及其构成，这时可不事先确定轧件尺寸。

（9）绘制配辊图。把设计出的孔型按一定规则配置在轧辊上，并绘制配辊图。

（10）进行必要的校核。对咬入条件和电动机负荷进行校核，在必要时，也要对轧辊强度进行校核。

（11）轧辊辅件设计。根据孔型图和配辊图设计导卫、围盘、检测样板等辅件并构图。

8.1.3 孔型在垂直方向上的配置

孔型在轧辊上配置的任务是把已设计好的断面孔型按照一定的规律放置到已定轧机的轧辊上去。其主要内容有两方面，即在孔型轧制面垂直方向上的配置和在轧辊辊身长度方向上的配置。

8.1.3.1 轧机尺寸

A 名义直径

型钢轧机通常用轧辊直径表示轧机大小。当轧机有几个机架或排列成几个机列，而这些机架的轧辊直径又不相同时，则以成品机架的轧辊直径来表示。因为一般情况下最后一机架的轧辊直径大小决定了所轧产品的尺寸规格。

直接用实际的轧辊直径表示轧机大小并不完全合适。因为轧辊在使用过程中由于磨损需要车削而使每次使用的轧辊直径各不相同。为此，型钢轧机的大小一般采用传动轧辊的齿轮座的齿轮的中心距或其节圆直径 D_0 的大小来表示（见图 8-4），因为它们是不变化的。D_0 称为轧机的名义直径。

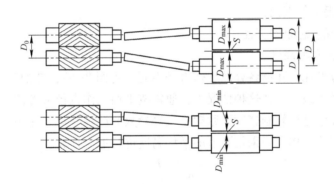

图 8-4 节圆直径、原始中心距与假想原始直径

B 假想原始直径 D

为了提高轧辊的使用寿命，在机架窗口高度允许的条件下，常使新辊直径 D 大于 D_0，而使报废前的轧辊直径 D' 小于 D_0，在配置孔型或绘制轧辊图时，是以新辊直径 D 为依据的。我们通常把这种包括辊缝在内的辊环直径 D_{max}（见图 8-4）称为轧辊的假想原始辊径，它是配辊开始时的基准直径。

轧辊假想原始直径的变化范围受连接轴允许倾斜角度的限制。当用万向接轴时，其倾角最大可达 $10°$；用梅花套筒时，其倾角最大不超过 $4.5°$，通常使用的为 $2.5°$。最理想的情况是新辊最大直径时连接轴倾角与轧辊使用到报废时的连接轴倾角相等。此时轧辊的假想原始辊径 D（即 $D_{max} + S$）和 D'（即 $D_{min} + S$）的平均值与轧机的名义辊径 D_0 相等，即有如下关系：

$$\frac{(D_{max} + S) + (D_{min} + S)}{2} = D_0$$

如果用 K 表示轧辊的重车率，则

$$\frac{D_{\max} - D_{\min}}{D_0} = K \times 100\%$$

解以上两个方程式可得到：

$$D = D_{\max} + S = (1 + \frac{K}{2})D_0$$

$$D' = D_{\min} + S = (1 - \frac{K}{2})D_0$$

开坯机和型钢轧机的重车率范围为 8%~12%，一般可取 10%。

C 工作直径

在轧制过程中轧辊与轧件接触处的直径称做工作直径或轧制直径。轧制钢板或采用无孔型轧制时其辊身直径即为工作直径；但在孔型轧制的条件下，轧件与孔型接触的各处工作直径往往是不相同的。

对于箱形孔即可采用孔型的底部处的直径为轧制直径（见图 8-5）。此时轧辊的工作直径可由下式计算：

$$D_k = D - h$$

式中 D_k——轧辊工作直径；

D——轧辊假想原始直径；

h——轧辊孔型高度。

如为对角的方形孔，孔型各处的工作直径不同（见图 8-6），轧槽底部工作直径最小，而槽口处工作直径为最大，在这种情况下，通常按平均工作直径来考虑。精确地计算平均工作辊径对于正确地进行轧制速度、摩擦系数等参数的计算有重要作用。但在实际工作中为了计算简便，平均工作直径采用孔型的平均高度进行近似计算。

$$h_c = \frac{F}{B_k}$$

式中 h_c——孔型的平均高度；

F——孔型面积；

B_k——孔型宽度。

此时：

$$D_k = D - h_c$$

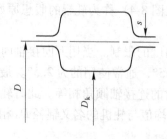

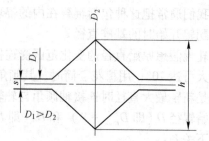

图 8-5 箱形孔型工作直径的计算   图 8-6 立方形孔型工作直径的计算

8.1.3.2 压力

A 定义

在开坯和型钢生产中，经常有目的地使上下轧辊直径不等，这种上下轧辊工作直径的差值称为"压力"，以 ΔD_k 表示。若上轧槽轧辊的工作直径 $D_{k上}$ 大于下轧槽轧辊工作直径 $D_{k下}$，称为"上压力"；反之，如下轧槽轧辊工作直径大于上轧槽轧辊工作直径，称为"下压力"。

B 采用压力轧制的原因

在轧制过程中我们希望轧件能平直地从孔型中出来。但在实际生产中由于受各种因素（如轧件各部分温度不均、孔型的磨损以及上下轧槽形状不同等）的影响，轧件轧出后不是平直的。这不但给操作带来困难，影响轧机产量和质量，而且还会造成人身和设备事故。为了使轧件出孔后有一个固定的方向，在生产中常采用不同的辊径的轧辊，即人为地采用压力轧制，以控制轧件的走向。

通常在型钢轧机上采用"上压力"并安装下卫板，以使轧件能贴着下卫板自孔型中平直轧出。初轧机则多用"下压力"，它能减轻轧件前端对轧机第一个辊道的冲击，因为轧制断面粗大的坯料不会发生缠辊的危险。在轧制如工字钢、槽钢等异型钢材时，原则上当闭口腿的轧槽车削在下或上辊时，采用"上"或"下"压力，以使轧件能顺利地脱离闭口轧槽而不致产生缠辊。

C 采用压力的副作用

配辊时采用一定的"压力"是必要的，这是控制轧件出口方向保证轧制过程顺利进行的一项措施。但是压力值太大对生产也是不利的。这是因为：

（1）辊径差使上下轧辊圆周速度不等，而轧件企图以平均速度出辊，结果造成轧辊与轧件间产生相对滑动，并使轧件内部产生附加应力。

（2）辊径差造成了上下辊压下量分布不均，使轧辊磨损也不均匀（见图 8-7a）。

（3）辊径差使轧钢机受到冲击。大辊径的轧辊力求通过轧件增加小辊径轧辊的速度。而轧辊是通过梅花轴和梅花套筒与齿轮传动联系在一起的，小轧辊速度的增加受到轴和套筒的阻碍。在这种情况下，小轧辊对自己的连接件成为主动的（见图8-7b)，而大轧辊的轴和套筒产生过载。当轧件从轧辊轧出后，小轧辊摆脱了大轧辊的作用，重新成为被动的（其连接件重新成为主动的，见图 8-7c)。由于轧辊的梅花头与连接件之间存在间隙，所以在轧机中发生使梅花头、轴和套筒磨损的冲击作用，容易使这些零件破坏。

由此可见，采用"压力"轧制有其有利的一面，也有其不利的一面。为了保证设备的正常运转，"压力"值不应取得太大。建议"压力"值采用下列数值：

对箱形孔可取 $3\% \sim 4\% D_0$；

对其他开坯延伸孔取不大于 $1\% D_0$；

对成品孔应尽量不采用"压力"。

8.1.3.3 轧辊中线与轧制线

等分上下两个轧辊轴线之间距离 D_c 的等分线称做轧辊中线，亦称为轧辊平均线（见图 8-8）。

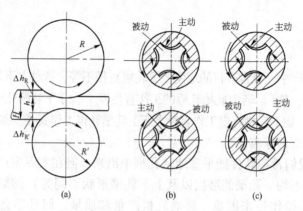

图 8-7　用不同辊径的轧辊轧制轧件

　　配置孔型的基准线称为轧制线。配辊时孔型中性线和轧制线重合。显然，当采用"零压力"时，即上下轧辊工作直径相同时，轧制线与轧辊中线重合；当采用"上压力"时，轧制线在轧辊中线的下方；当采用"下压力"时，轧制线则在轧辊中线上方。

　　当压力值 ΔD_k 已选定（如采用"上压力"）时，可按下列公式确定轧制线与轧辊中线之间的距离 χ。

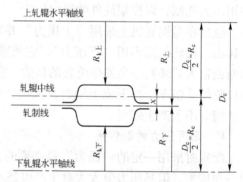

图 8-8　轧辊中线与轧制

$$\Delta D_{k上} = D_上 - D_下$$
$$\Delta D_{k上} = 2R_上 - 2R_下$$
$$R_上 = R_c + \chi$$
$$R_下 = R_c - \chi$$

整理后即可得到：

$$2R_上 - 2R_下 = \Delta D_{k上} = 4\chi$$

化简得：

$$\chi = \frac{\Delta D_{k上}}{4}$$

　　上式说明：当采用上压力值 $\Delta D_{k上}$ 时，轧制线在轧辊中线下方距离为 $\Delta D_{k上}/4$ 处；若采用"下压力"值 $\Delta D_{k下}$ 时，轧制线在轧辊中线上方距离为 $\Delta D_{k下}/4$ 处。

8.1.3.4　孔型中性线

　　上下轧辊作用在轧件上的力对某一水平直线的力矩相等，此条水平直线称为孔型中性线。确定孔型中性线的目的是为了配置轧辊孔型。因为配辊时孔型中性线必须和轧制线重合，使上下轧辊对轧件作用的力矩相等，从而使轧件出孔时能保持平直。

　　由于孔型不同因而孔型中性线的确定有许多方法。对于轧制前后轧件断面形状上下均为对称的，其孔型中性线就是它们的水平对称轴线，如箱形孔、菱形孔、椭圆孔、圆孔、方孔等。对于非对称形状的轧件如槽钢孔型等，应根据上下轧辊对其作用的力矩相等并使轧件平直出孔的原则确定。由于影响上下轧辊作用于轧件使之力矩相等的因素较多，因而非对称形状孔型中性线的确定比较复杂。通常都采用简化的方法来确定这类孔型中性线。常用的办法有：

（1）重心法。它是将通过孔型几何形状重心的水平线作为孔型中性线。

（2）面积相等法。孔型中性线是将孔型面积等分为上下两部分的那条水平线（见图8-9a）。

（3）平均高度法。此法认为孔型中性线是等分孔型平均高度的水平线。

（4）轮廓线重心法。此法也称为周边重心法（见图8-9b）。此法认为孔型中性线是与两个轧辊上的孔型轮廓（也即轧槽）的重心等距离的水平线。

孔型中性线的确定还有其他方法，一般都是根据实用、简便的原则选取。

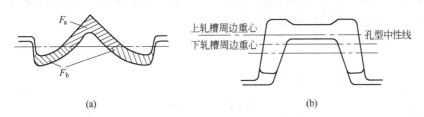

$$(a) \qquad\qquad\qquad\qquad (b)$$

图 8-9　确定孔型中性线的方法

（a）面积相等法；（b）轮廓线重心法

8.1.3.5　孔型配置的方法与步骤

孔型在轧制面垂直方向上的配置，一般按下列步骤进行：

（1）按轧辊假想原始辊径确定上下轧辊的轴线。

（2）确定上下轧辊轴线间距的等分线，即轧辊中线。

（3）在距轧辊中线 $\chi = \Delta D_k / 4$ 处画轧制线。此时应注意 ΔD_k 数值大小要根据需要确定；"压力"的性质也要视孔型类别和实际情况解决。此外要注意"上压力"配置时轧制线在轧辊中线之下；"下压力"配置时轧制线在轧辊中线之上；"零压力"时轧制线则与轧辊中线重合。

（4）确定孔型的中性线。

（5）将孔型中性线和轧制线重合，以此为准按照已设计出的孔型确定孔型各处的轧辊直径，画出轧辊图，并注明孔型各部分尺寸。

（6）进行校核，检查各部分尺寸是否正确。

8.1.3.6　孔型沿辊身长度方向上的配置

A　配置孔型的原则

（1）要有利于轧机产量的提高和产品质量的保证。

（2）操作方便，便于实现机械化和自动化，有助于轧辊的充分利用，减少轧辊的消耗和储备等。

B　配置孔型要考虑的因素

（1）成品孔和成品前孔应尽量争取单独配置，即不配置在同一架轧机的同一轧线上，以便实现单独调整，保证成品质量。

（2）分配到各架轧机上的轧制道次应力争使各架轧机轧制时间负荷均衡，以便获得较短的轧制节奏，有利于提高轧机产量。

（3）根据各个孔型磨损对成品质量影响程度不同，在轧辊上孔型配置数目也不相同。成品孔应尽可能多配，成品前孔和再前孔根据条件和可能也应多配一些。这样做的好处是可以减少换辊次数和轧辊储备数量，并能降低轧辊消耗。

（4）轧辊相邻孔型间的凸台称为辊环，它在轧辊长度方向上要留有足够的宽度，以保证其自身强度和满足安装导卫和调整的要求。在满足了上述要求的条件下辊环宽度可适当减小，以便能多安排孔型数目。铸铁辊环的宽度一般可考虑等于轧槽深度，而钢辊辊环可以小些。轧辊两端的辊环宽度对于大中型轧机可取 100mm 以上，而对小型轧机一般在50～100mm 的范围内选取。在孔型倾斜配置的情况下，还应考虑设置止推斜面辊环的要求。图 8-10 所示为不同类型孔型的轧辊辊环配置。

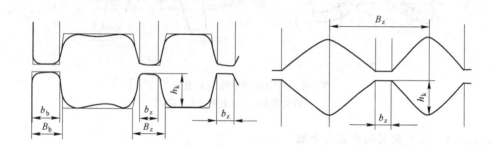

图 8-10　孔型间距（辊环宽度）的确定

8.2　延伸孔型的设计方法

由于延伸孔型系统一般均为间隔出现等轴断面孔型，因此孔型设计时可以利用这一特点，首先设计出各等轴断面的尺寸，然后再根据相邻两个等轴断面轧件的断面形状和尺寸设计中间扁轧件的断面形状和尺寸，最后根据已确定的轧件断面形状和尺寸构成孔型。这样可以简化设计，减少反复。因此，延伸孔型可分两步进行设计。

8.2.1　等轴断面轧件的设计

首先将延伸孔型系统分成若干组，然后按组分配延伸系数。已知 $\mu_\Sigma = \dfrac{F_0}{F_n}$，则

$$\mu_\Sigma = \mu_1\mu_2\mu_3\cdots\mu_{n-1}\mu_n = \mu_{\Sigma2}\mu_{\Sigma4}\mu_{\Sigma6}\cdots\mu_{\Sigma i}\cdots\mu_{\Sigma n}$$

式中　　μ_Σ ——延伸孔型系统的总延伸系数；

　　　　F_0 ——坯料断面面积；

　　　　F_n ——延伸孔型系统轧出的最终断面面积；

$\mu_{\Sigma i}$（i 为偶数）——一组从等轴断面到等轴断面孔型的总延伸系数，即 $\mu_{\Sigma i} = \mu_{i-1}\mu_i$。

已知从等轴断面轧件到等轴断面轧件的总延伸系数 $\mu_{\Sigma i}$ 后，按下列关系可以求出各中间过渡断面（扁）轧件的面积和尺寸：

$$\mu_{\Sigma2} = \frac{F_0}{F_2} \qquad F_2 = \frac{F_0}{\mu_{\Sigma2}}$$

$$\mu_{\Sigma 4} = \frac{F_2}{F_4} \qquad F_4 = \frac{F_2}{\mu_{\Sigma 4}}$$

$$\vdots \qquad\qquad \vdots$$

$$\mu_{\Sigma n} = \frac{F_{n-2}}{F_n} \qquad F_n = \frac{F_{n-2}}{\mu_{\Sigma n}}$$

如果等轴断面轧件为方形或圆形时，在已知其面积的情况下是不难求出其边长或直径的。

8.2.2　中间扁轧件断面的设计

两个等轴断面轧件之间的中间扁轧件可能是矩形、菱形、椭圆形或六角形等。中间轧件断面尺寸的设计应根据轧件在孔型中的充满条件进行。下面以箱形孔型系统（见图8-11）为例进行说明。

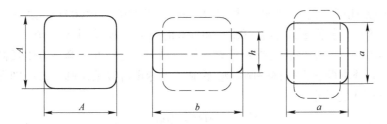

图 8-11　中间孔型内轧件断面尺寸的确定

中间矩形轧件的尺寸应同时保证在本孔和下一孔型中正确充满，即

$$b = A + \Delta b_z \tag{8-1}$$

$$h = a - \Delta b_a \tag{8-2}$$

式中　Δb_z——轧件在中间矩形孔型中的宽展量；

　　　Δb_a——轧件在小箱型孔型中的宽展量。

由此不难看出，确定中间扁轧件的尺寸时需要首先计算孔型中的宽展量，而计算宽展量又需要先设定中间轧件的某一尺寸（b 或 h）。所以，确定中间扁轧件尺寸的过程是一个迭代过程，一直计算到满足一定精度要求为止。也可以联立式（8-1）和式（8-2）求出 b、h。具体方法如下：用宽展系数代替上式中的宽展量，可得

$$b = A + \beta_z(A - h) \tag{8-3}$$

$$h = a - \beta_a(b - a) \tag{8-4}$$

式中　β_z，β_a——轧件在中间孔型和后一方孔型中的宽展系数。

联解式（8-3）和式（8-4），可求得轧件在中间孔型中的宽度 b 和高度 h 为：

$$b = \frac{A + A\beta_z - a\beta_z - a\beta_z\beta_a}{1 - \beta_z\beta_a}$$

$$h = \frac{a + a\beta_a - A\beta_z\beta_a}{1 - \beta_z\beta_a}$$

在计算宽展量时要用到宽展公式。孔型设计时采用不同的宽展公式可形成不同的孔型

设计方法。到目前为止，延伸孔型的设计方法很多，下面介绍延伸孔型的设计方法。

8.2.3　经验系数（宽展系数）方法

计算孔型中的宽展量可以采用理论公式或经验公式。本节介绍的经验系数方法就是利用人们根据经验选择宽展系数的方法进行孔型设计的。此处的宽展系数是指 $\beta = \Delta b / \Delta h$，其数值大小已经在前面介绍各种延伸孔型系统时给出了，下面结合实例说明这种方法的应用。

【例 8-1】　在 $\phi 400 \times 2 / \phi 250 \times 5$ 横列式小型轧机上轧制 $\phi 15mm$ 圆钢，设计其延伸孔型。已知方坯边长 $a_0 = 100mm$；第一列轧制速度 $v_1 \approx 2.2 m/s$，轧辊材质全部为铸钢；第二列轧制速度 $v_2 \approx 5 m/s$，轧辊材质全部为冷硬铸铁。

（1）孔型系统的选择。孔型系统的选择与轧机的布置和轧件的断面大小关系密切。对本例题来讲，原料为 100mm×100mm 的方坯，断面尺寸较大，为了去除来料表面的氧化铁皮及减少刻槽深度，最好采用一对箱形孔型；箱形孔型之后可采用菱-方孔型系统（有时也可采用六角-方孔型系统）；当轧件断面尺寸在 $(40 \times 40 \sim 60 \times 60)mm$ 之间时一般采用六角—方孔型系统；当轧件断面小于 40mm×40mm 时可采用椭-方孔型系统。

由此不难看出，该孔型系统是由箱形—菱—方—六角—方—椭—方组成的混合孔型系统。精轧孔型系统本题选方—椭—圆孔型系统（当然也可以采用圆—椭—圆孔型系统）。

（2）轧制道次的确定。

总延伸系数

$$\mu_\Sigma = \frac{F_0}{F_n} = \frac{100 \times 100}{3.14 \times \left(\frac{15}{2}\right)^2} = 56.6$$

根据本轧机的布置形式和选择的孔型系统，参考有关厂的延伸系数，取平均延伸系数 $\mu_c = 1.4$，则轧制道次数为：

$$n = \frac{\ln\mu_\Sigma}{\ln\mu_c} = \frac{\ln 56.6}{\ln 1.4} = 11.99$$

根据轧机布置应取偶数道次，则取 $n = 12$。故最后确定轧制道次为 12 道次。根据圆钢精轧孔型设计确定第 10 道方孔的边长 $a_{10} = 16mm$。

（3）延伸系数的分配。延伸孔型由 10 道组成，最后确定延伸孔型系统是由一对箱形孔型、一对菱-方孔型、一对六角-方孔型和两对椭-方孔型系统组成。为了孔型设计方便，可将粗轧的总延伸系数按对进行分配。

粗轧的总延伸系数为：

$$\mu_\Sigma' = \frac{100^2}{16^2} = 39.1$$

各对的延伸系数分配为：

$$\mu_{\Sigma 2} = 1.69, \mu_{\Sigma 4} = 1.65, \mu_{\Sigma 6} = 2.56, \mu_{\Sigma 8} = 2.44, \mu_{\Sigma 10} = 2.25$$

（4）确定各方形断面尺寸。根据 $a = \dfrac{A}{\sqrt{\mu_{\Sigma i}}}$，各方形轧件断面尺寸为：

$$a_2 = \frac{100}{\sqrt{1.69}} = 77mm$$

$$a_4 = \frac{77}{\sqrt{1.65}} = 60mm$$

$$a_6 = \frac{60}{\sqrt{2.56}} = 37.5mm$$

$$a_8 = \frac{37.5}{\sqrt{2.44}} = 24mm$$

$$a_{10} = \frac{24}{\sqrt{2.25}} = 16mm$$

（5）确定各中间扁轧件的断面尺寸。

1）第 1 孔型（矩形箱孔型）。从 3.1.4 节可知，$\beta_z = 0.25 \sim 0.45$，$\beta_a = 0.2 \sim 0.3$。根据本题条件，轧制是在高温下进行的，而且坯料边长对该轧机来说是属于偏大类型的，故宽展系数应取偏小值。考虑到轧辊为钢轧辊，而且轧制速度也较低，有利于宽展，宽展系数可适当增加，故取 $\beta_z = 0.3$，$\beta_a = 0.25$。

假设矩形轧件的高度 $h_1 = 69mm$，则

$$b_1 = a_0 + (a_0 - h_1)\beta_z = 100 + (100 - 69) \times 0.3 = 109.3mm$$

验算轧件在第 2 孔（方箱形孔型）的充满情况：

$$b_2 = h_1 + (b_1 - a_2)\beta_a = 69 + (109.3 - 77) \times 0.25 = 77.1mm$$

轧件在第 2 孔型的轧后宽度为 77.1mm，与我们需要得到的 77mm 相差甚小，故设定 $h_1 = 69mm$ 是合适的。否则需重新设定 h_1。

2）第 3 孔型（菱形孔型）。由于菱形孔型的实际高度和孔型的槽口宽度与顶角圆弧半径和辊缝值的大小有关，为了孔型设计方便起见，首先按轧件的几何对角线计算变形，然后再按轧件的实际变形验算孔型的充满程度。

① 按轧件几何对角线计算菱形孔的高与宽。根据同样的原因取 $\beta_1 = 0.35$，$\beta_f = 0.3$。假设菱形孔的几何高度 $h_3' = 70mm$，则

$$b_3' = 1.41a_2 + (1.41a_2 - h_3') \times \beta_1$$
$$= 1.41 \times 77 + (1.41 \times 77 - 70) \times 0.35 = 120mm$$

② 计算菱形孔的实际高度 h_{k3} 和槽口宽度 b_{k3}。假设菱形孔顶角的圆弧半径 $R = 13mm$，辊缝 $S = 8mm$，则

$$h_{k3} = h - 2R\left(\sqrt{1 + \left(\frac{h}{b}\right)^2} - 1\right)$$
$$= 70 - 2 \times 13\left(\sqrt{1 + \left(\frac{70}{120}\right)^2} - 1\right) = 65.9mm$$

$$b_{k3} = b\left(1 - \frac{s}{h}\right) = 120 \times \left(1 - \frac{8}{70}\right) = 106.3mm$$

③ 计算第 4 孔（对角方孔）的孔型尺寸。设 $R = 12mm$，$S = 8mm$，则

$$h_4' = 1.4a_4 = 1.4 \times 60 = 84mm$$
$$h_{k4} = h_4' - 0.83R = 84 - 0.83 \times 12 = 74mm$$
$$b_4' = 1.4 \times a_4 = 1.4 \times 60 = 84mm$$
$$b_{k4} = b_4' - S = 84 - 8 = 76mm$$

④ 验算方轧件在菱形孔型中的充满程度。菱形孔来料的高度 H_2 和宽度 B_2 为：

$$H_2 = B_2 = 1.4 \times a_2 - 0.83 R_2 = 1.4 \times 77 - 0.83 \times 15 = 95.4\text{mm}$$

此时，轧件在菱形孔轧后的实际宽度 b_3 为：

$$b_3 = B_2 + (H_2 - h_{k3})\beta_1 = 95.4 + (95.4 - 65.9) \times 0.35 = 105.7\text{mm}$$

轧件宽度 b_3 小于 b_{k3}，其充满程度为 $105.7/106.3 = 0.99$。

⑤ 验算菱形轧件在第 4 孔型中轧制时的充满程度。

$$b_4 = h_{k3} + (b_3 - h_{k4})\beta_f = 65.9 + (105.7 - 74) \times 0.3 = 75.4\text{mm}$$

第 4 孔型轧件轧后的宽度比槽口宽度小，其充满程度为 $75.4/76 = 0.99$，故前面设定的菱形孔型的尺寸是合适的。

3）第 5 孔型（六角孔型）。取 $\beta_1 = 0.7$，$\beta_f = 0.5$。假设 $h_5 = 29\text{mm}$，则轧件在第 5 孔型轧后的轧件宽度为：

$$b_5 = a_4 + (a_4 - h_5)\beta_1 = 60 + (60 - 29) \times 0.7 = 81.7\text{mm}$$

验算轧件在第 6 孔型的充满程度。计算第 6 孔型（对角方孔）的尺寸，设 $R = 7\text{mm}$，$S = 5\text{mm}$，则

$$h_6' = 1.41 \times a_6 = 1.41 \times 37.5 = 52.8\text{mm}$$
$$h_{k6} = h_6' - 0.83R = 52.8 - 0.83 \times 7 = 47\text{mm}$$
$$b_6' = 1.42 \times a_6 = 1.42 \times 37.5 = 53.2\text{mm}$$
$$b_{k6} = b_6' - S = 53.2 - 5 = 48.2\text{mm}$$

轧件在第 6 孔型中的实际宽度为：

$$b_6 = h_5 + (b_5 - h_{k6})\beta_f = 29 + (81.7 - 47) \times 0.5 = 46.4\text{mm}$$

轧件宽度比 b_{k6} 小 1.8mm，此时孔型的充满程度为 $46.4/48.2 = 0.96$，故认为六角形孔型的设计是合适的。

4）第 7 孔型（椭圆孔型）。根据表 3-3 取 $\beta_t = 1.0$，$\beta_f = 0.4$，假设 $h_7 = 20\text{mm}$，则轧件在第 7 孔型的轧后宽度为：

$$b_7 = a_6 + (a_6 - h_7)\beta_t = 37.5 + (37.5 - 20) \times 1.0 = 55\text{mm}$$

验算轧件在第 8 孔型中的充满程度。计算第 8 孔型的尺寸，设 $R = 5\text{mm}$，$s = 4\text{mm}$，则

$$h_8' = 1.4 \times a_8 = 1.4 \times 24 = 33.6\text{mm}$$
$$h_{k8} = h_8' - 0.83R = 33.6 - 0.83 \times 5 = 29.5\text{mm}$$
$$b_8' = 1.42 \times a_8 = 1.42 \times 24 = 34.1\text{mm}$$
$$b_{k8} = b_8' - S = 34.1 - 4 = 30.1\text{mm}$$

轧件在第 8 孔型中的实际宽度为：

$$b_8 = h_7 + (b_7 - h_{k8})\beta_f = 20 + (55 - 29.5) \times 0.4 = 30.2\text{mm}$$

轧件宽度比 b_{k8} 大 0.1mm，一般来说应小于 b_{k8}，但大的数值很小，故可认为椭圆孔的设计是合适的。否则需重新设定椭圆高度，重复以上设计步骤，直到第 8 孔型的轧件宽度小于 b_{k8}。但要注意孔型充满程度又不宜小于 95%。

5）第 9 孔型（椭圆孔型）。第 9 孔型的设计方法与步骤同第 7 孔型，故计算从略，其结果为：

$$h = 13\text{mm};\ b_9 = 35\text{mm}$$

　　以上各中间孔型仅计算了轧件的高与宽，而相应孔型尺寸的计算可按各延伸孔型的构成方法进行，此处从略。

8.3　型钢孔型设计

　　型钢的品种规格很多，这里仅介绍最常见的、具有代表性的型钢。轧制型钢的延伸孔型设计方法已在上节进行了详细的讨论，所以本章只讨论轧制型钢的最后几个孔型，即精轧孔型系统（包括成品孔型）的设计方法。

8.3.1　精轧孔型设计的一般问题

8.3.1.1　热断面

　　轧件在精轧孔型经最后一道轧制后，便得到所要求的成品钢材。但精轧孔型的尺寸和热断面的形状与所要求的成品名义尺寸和断面形状并不完全一致，这主要是考虑了轧件温度和断面温度不均匀对成品尺寸和断面形状的影响。

　　A　热断面尺寸

　　轧件从成品孔型轧出后温度一般在 800～1100℃ 之间波动，冷却后轧件尺寸与高温时轧件尺寸间的关系为

$$\frac{h_r}{h} = \frac{b_r}{b} = \frac{l_r}{l} = 1 + \mu t$$

式中　　h，b，l ——轧件的冷尺寸（高、宽、长）；

　　　　h_r，b_r，l_r ——轧件的热尺寸（高、宽、长）；

　　　　　　　t ——终轧温度；

　　　　　　　μ ——线膨胀系数，对钢通常采用 $\alpha = 0.000012$mm/℃。

　　为简化计算，现将不同轧制温度下的 $1 + \mu t$ 列于表 8-1 中。

表 8-1　不同温度下的 $1 + \mu t$

终轧温度/℃	$1 + \mu t$
800	1.010
900	1.011
1000	1.012
1100	1.013
1200	1.0145

　　因此，欲使冷却后的轧件断面尺寸精确，就必须根据不同的终轧温度，使孔型断面的主要线尺寸为成品尺寸的 1.010～1.0145 倍。

　　B　热断面形状

　　轧件在成品孔型中轧制时，其断面各部分的温度并不完全一致。在某些条件下，这种温度差将影响冷却后轧件的断面形状。例如，轧制方钢时，菱形断面轧件在进入成品方孔型之前，其锐角部位的温度已较钝角部位为低，如图 8-12 所示，因此轧出的方钢其水平轴的温度高于垂直轴，当然冷却后水平轴的收缩量也大于垂直轴，因而使冷却后的断面形

状变得不够正确。但是，如果在设计成品孔型时预先采取一些措施，使其水平轴略大于垂直轴，就可以防止上述现象的发生。同时由于方钢的精轧孔型在使用中顶角部位磨损较快，磨损后的顶角将小于90°，如图8-13所示，因此从延长孔型的使用寿命上来看，也是水平轴略大于垂直轴为宜。按照这种要求往往将孔型顶角作成90°30′，而不为90°。

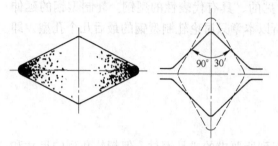

图8-12　温度不均匀对方形断面的影响

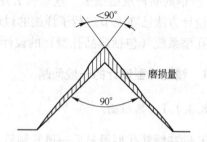

图8-13　顶角磨损对方形断面的影响

8.3.1.2　公差与负偏差轧制

生产技术与设备条件的限制，工作中设备的磨损，特别是孔型的磨损，都会影响成品尺寸的精确程度。为使在轧制条件不断变化的情况下，仍能轧出合格的成品来，每种轧制产品都允许较其公称（或名义）尺寸有一定范围的误差——公差。公差的大小是根据钢材的用途与当前生产技术的发展水平，由国家颁发的标准来决定，个别产品也可由供求双方共同协商。

公差的存在可能造成成品单位长度的重量增加。例如10号角钢标准重量为15.1kg/m，在接近最大负偏差时重量为13.5kg/m，在接近最大正偏差时则达16.6kg/m，多消耗的金属占其公称重量的百分比约为：

$$\frac{16.6 - 13.5}{15.1} = 20\%$$

显然，多消耗的这部分金属，除了加重结构重量之外，并没有其他好处。因此，除一些有特殊工艺要求的产品必须按正偏差轧制外，一般情况下应按负偏差轧制。在实际生产中全部采用最大允许负偏差轧制是不可能的，也是很危险的。采用负偏差轧制节约钢材量的多少，取决于轧钢设备的装备水平和轧钢调整工利用允许负偏差的程度。为了实现负偏差轧制，孔型设计时必须予以考虑。

综上所述，精轧孔型设计的一般程序如下：

（1）根据终轧温度确定成品断面的热尺寸。

（2）从热尺寸中减去一部分（或全部）负偏差，或加上一部分（或全部）正偏差，但必须保证轧制时有一定的调整余量；必要时还要对以上计算出的尺寸和断面形状加以修正，如考虑断面不均匀收缩，孔型不均匀磨损，孔型使用寿命以及便于轧件脱槽等因素时，应予以修正。

8.3.2　圆钢孔型设计

圆钢的孔型系统在这里是指轧制圆钢的最后3~5个孔型，即精轧孔型系统。常见的圆钢孔型系统有如下四种。

（1）方-椭圆-圆孔型系统（见图8-14）。这种孔型系统的优点是：延伸系数较大；方轧件在椭圆孔型中可以自动找正，轧制稳定；能与其他延伸孔型系统很好衔接。其缺点是：方轧件在椭圆孔型中变形不均匀；方孔型切槽深；孔型的共用性差。由于这种孔型系统的延伸系数大，所以被广泛应用于小型和线材轧机轧制 $\phi32mm$ 以下的圆钢。

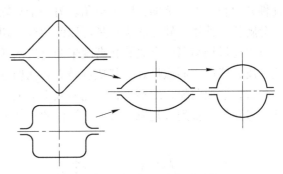

图 8-14 方-椭圆-圆孔型系统

（2）圆-椭圆-圆孔型系统（见图8-15）。与方-椭圆-圆孔型系统相比，这种孔型系统的优点是：轧件变形和冷却均匀；易于去除轧件表面的氧化铁皮，成品表面质量好；便于使用围盘；成品尺寸比较精确；可以从中间圆孔型轧出多种规格的圆钢，故共用性较大。其缺点是：延伸系数较小；椭圆件在圆孔中轧制不稳定，需要使用经过精确调整的夹板夹持，否则在圆孔型中容易出"耳子"。这种孔型系统被广泛应用于小型和线材轧机轧制 $\phi40mm$ 以下的圆钢。在高速线材轧机的精轧机组，采用这种孔型系统可以生产多种规格的线材。

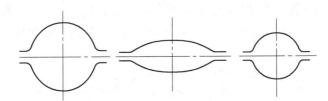

图 8-15 圆-椭圆-圆孔型系统

（3）万能孔型系统（见图3-27）。这种孔型系统的优点是：共用性强，可以用一套孔型通过调整轧辊的方法，轧出几种相邻规格的圆钢；轧件变形均匀；易于去除轧件表面的氧化铁皮，成品表面质量好。其缺点是：延伸系数较小；不易于使用围盘；立轧孔设计不当时，轧件容易扭转。这种孔型系统适用于轧制 $\phi18\sim200mm$ 的圆钢。

8.3.3 角钢孔型设计

角钢是一种通用型钢，用于各种钢结构中，使用范围非常广泛。常用的角钢分为等边角钢和不等边角钢。根据我国标准，等边角钢的范围从2号到20号（腿长 $20\sim200mm$），不等边角钢从2.5/1.6~20/12.5，分子、分母表示不等边角钢的长、短腿长度（cm）。标准中还规定，同一型号的角钢腿厚有2~7个规格。角钢顶角为90°。

轧制角钢可以采用多种孔型系统，其中使用最广泛的是蝶式孔型系统。

蝶式孔型系统根据使用不使用立轧孔，又可分为带立轧孔的蝶式孔型系统和不带立轧孔的蝶式孔型系统。

（1）带立轧孔的蝶式孔型系统。图8-16为带立轧孔的蝶式孔型系统。其特点是：在孔型系统中有1~2个立轧孔。其中一个立轧孔设在角钢成型孔之前，目的是控制进成型孔轧件的腿长，加工腿端，镦出顶角。另一个立轧孔一般位于切入孔之前，主要目的是控制切分腿长。使用立轧孔的优点是可以使用开口切入孔；切入孔可以共用，即轧相邻规格时，可以通过调整第一个立轧孔高度来调整进入开口切入孔的来料尺寸；立轧道次易除去氧化铁皮，成品表面质量好。其缺点是立轧孔切槽深，轧辊强度差，寿命短；开口切入孔容易切偏，造成两腿长度不等；立轧需人工翻钢，劳动强度大。故此系统目前只用于生产2~2.5号角钢的横列式轧机上及人工操作的条件下。

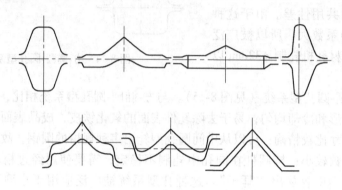

图 8-16　带立轧孔的蝶式孔型系统

（2）无立轧孔的蝶式孔型系统。图 8-17 所示是角钢常用的孔型系统。该孔型系统的优点是：使用闭口切入孔，容易保证两腿切分的对称性；使用上、下交替开口的蝶式孔成型和加工腿端；轧制过程中不翻钢，减轻了劳动强度，易实现机械化操作。

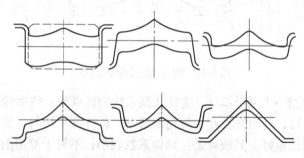

图 8-17　无立轧孔的蝶式孔型系统

8.3.4　工字钢孔型设计

工字钢的规格是用腰宽的厘米值来表示的，如 10 号工字钢，其腰宽为 10cm。工字钢的种类有热轧普通工字钢、轻型工字钢和宽平行腿工字钢（H 型钢）。我国热轧普通工字钢的腰宽为 100~630mm，表示为 No. 10~No. 63，腿内侧壁斜度为 1:6。

轧制工字钢的孔型系统有直轧孔型系统、斜轧孔型系统和混合孔型系统。此外，工字钢还可以采用特殊轧法。

（1）直轧孔型系统。直轧孔型系统是指工字钢孔型的两个开口腿同时处于轧辊轴线的同一侧，腰与轧辊轴线平行的孔型系统（见图 8-18）。

其优点是轧辊轴向力小，轴向窜动小，不需工作斜面，孔型占用辊身长度小，在辊身长度一定的条件下可多配孔型。

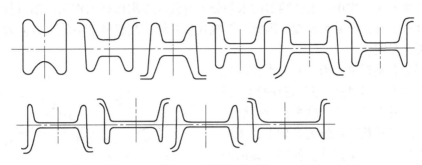

图 8-18　直轧孔型系统

但其缺点较多，主要有：成品孔的腿与腰不成 90°，一般有 0.5%~1.0% 的斜度，形成腿的内并外扩现象，影响成品断面形状；由于孔型侧壁斜度小，轧件轧后不易脱槽，轧槽磨损后重车量大；直轧法腿的拉缩量大，因此需要较高的钢坯，导致轧制道次多，产量低，各项消耗指标高；轧辊刻槽深，槽底工作直径小，影响轧辊强度。

为了增大孔型的侧壁斜度，有时直轧系统中可采用弯腰轧法（见图 8-19）。其特点是除了成品孔和腰较窄的切深孔之外，其他各孔（尤其是大号工字钢）均可采用弯腰孔型。弯腰程度应保证闭口腿的内侧壁斜度不出现内斜。这种孔型的外侧壁斜度可加大到 10%~47%。为了消除成品腿的内并外扩，有的轧机上采用万能成品机架，其孔型构成如图 8-20所示。这种孔型由四个轧辊组成，一对主传动的水平辊，一对被动的立辊组成腰与腿互相垂直的成品孔。采用这些措施可使直轧孔型系统的缺点得到一定的改善。

图 8-19　弯腰轧法的工字型孔型

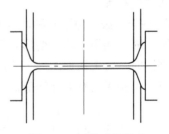

图 8-20　万能成品孔型

（2）斜轧孔型系统。这种孔型系统是指工字钢孔型的两个开口腿不同时处于腰部的同一侧，腰与水平轴线有一夹角，见图 8-21。斜轧孔型系统又分为直腿斜轧系统和弯腿斜轧系统。直腿斜轧孔型系统的优点是：在保持腰与腿外侧壁垂直的情况下，可加大侧壁斜度，一般孔型在轧辊上的配置斜度为 10%~

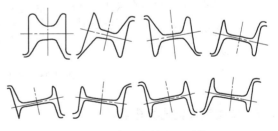

图 8-21　直腿斜轧孔型系统

25%，最大斜度为闭口腿内侧壁斜度的一半；开口槽允许的侧压量大，腿部增长量大，可减小钢坯高度，进而减少轧制道次；孔型宽度容易修复，减少重车量，提高轧辊使用寿命；轧制力小，能耗少；产品尺寸和形状稳定，成品质量好。其缺点是：轧制时轴向力大，轧辊易产生轴向窜动，为控制轴向窜动，轧辊上要配有工作斜面，形成双辊环，孔型占用辊身长度较大；作用于轧件腰部的水平分力有使轧件腰撕裂的作用，如果腰较薄，孔型配置斜度过大时，腰易被撕裂，因此，斜轧孔型系统的配置斜度顺轧制方向减小；斜配时腰部卫板不易安装。

弯腿斜轧孔型系统是为了充分发挥斜轧孔型系统的优点，尽量加大开口腿的侧壁斜度而产生的一种孔型系统。这种孔型系统的特点是在直腿斜轧孔型系统的基础上，腿相对于腰向外扩张了一个角度，使腰与腿的外侧壁的夹角大于 90°，见图 8-22。这时腰与水平轴线的夹角可达 10°~30°。弯腿斜轧法除具有直腿斜轧系统的优点外，由于开口腿斜度的进一步加大，开口腿中的侧压量也可

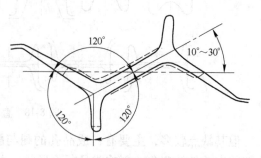

图 8-22　弯腿斜轧孔型

进一步加大，更加剧了开口槽腿的增长和减少了闭口槽腿的拉缩，有时在闭口槽也能造成腿的增长；减小钢坯断面高度，减少轧制道次等优点比直腿斜轧系统更明显。因此，近年来在轧制中小号工字钢时，普遍采用弯腿斜轧孔型系统，有时轧制大号工字钢时也采用。但弯腿斜轧系统不宜于用在最后 2~3 个孔型中。

（3）混合孔型系统。根据轧机和产品的特点，为充分发挥各自系统的优点，克服缺点，往往采用混合孔型系统，即两种以上系统的组合。如成品孔和成品前孔采用直腿斜轧孔型系统，其他孔型采用弯腿斜轧系统；或者粗轧孔采用直轧系统，最后 3~4 个精轧孔采用直腿斜轧孔等。

（4）特殊轧法。由于某种原因采用通常的轧制方法难以轧出要求的工字钢时，可采用特殊轧法，充分利用不均匀变形和孔型设计的技巧。例如，当钢坯断面较窄而要求轧制较宽的工字钢时，可采用如图 8-23 所示的波浪式轧法；又如当坯料较宽而要求轧制较小号工字钢时，可采用负宽展轧制等。

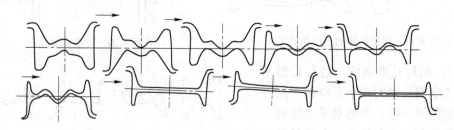

图 8-23　波浪式轧法

8.3.5　H 型钢二辊轧机孔型设计

8.3.5.1　开坯机孔型设计

A　在开坯机上异型坯轧制种类分析

根据不同的异型坯及相应的 H 型钢产品规格，满足开坯机最终道次形状尺寸，在二辊开坯机上有以下几种轧制情况：

（1）标准异型坯的轧制。轧制时只进行腹板压下和宽展变形即可得到所需的二辊开坯

机的最终轧件，如图 8-24（a）所示。

（2）延长腹板高度的轧制。首先经若干道次工字形孔，延伸腹板内高和总高，使之达到所需工字形轧件形状尺寸，如图 8-24（b）所示。

（3）减小腹板高度轧制。首先将异型坯在箱形孔中立压，腹板内宽减小，使之达到所需工字形轧件形状尺寸，如图 8-24（c）所示。轧制中腹板厚度增加量按立轧压下量的 20%~25%计。

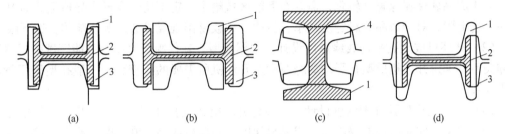

图 8-24　开坯机上异型坯轧制种类

（a）标准异型坯轧制；（b）延长腹板高度轧制；（c）减小腹板高度轧制；（d）减小翼缘高度轧制

1—异型环；2—H 型钢；3—二辊开坯机最终轧件；4—立轧后轧件

（4）减小异型坯翼缘高度的轧制。用异型坯轧制窄缘 H 型钢时，要对翼缘高度进行大幅度压下，如图 8-24（d）所示。开坯机承受较大的变形量，以使异型坯达到供 UEU 机组轧制的工字形尺寸。

B　开坯机的配辊

在生产 H 型钢及其他型钢的组合式轧机上，一般设二辊开坯机，通常先开坯再送 UEU 机组，其孔型设计主要取决于所轧 H 型钢的品种、规格及采用的坯料。

马钢 H 型钢厂采用两种连铸异型坯，坯料尺寸见表 8-2。在轧制 H 型钢时，一般使用开口工字型，同时用立轧孔型，如图 8-25 所示。

表 8-2　马钢采用的坯料尺寸　　　　　　　　　　　　　　　　　mm

坯料序号	腰高 H	腿宽 B	腰厚 T_w	腿厚 T_f
1	500	300	120	102
2	750	450	120	135

以马钢生产的 HM600mm×300mm 为例，其配辊图如图 8-26 所示，采用两个异型坯和一个箱形孔，通过在孔型中往复可逆轧制，对轧件腹板及翼缘进行加工成型，送万能轧机轧制。

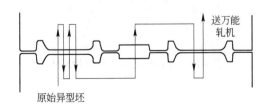

图 8-25　开坯机配辊图

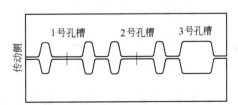

图 8-26　HM600mm×300mm 开坯机配辊图

C　开坯机成型孔孔型设计

（1）成型孔腹板厚度设计。开坯机成型孔腹板厚度的设计，应兼顾万能区域腹板翼缘延伸关系、开坯机孔型数目、开坯机及万能区域生产节奏等多方面因素的影响。

万能区域腹板翼缘延伸关系为：

$$\frac{开坯机成型孔翼缘厚度}{开坯机成形孔腹板厚度} : \frac{成品翼缘厚度}{成品腹板厚度} = (0.9 \sim 1.5) : 1。$$

对于成品轧件翼缘宽度较宽，需要在万能区域给予一定不均匀变形来强迫宽展的 H 型成品，选上限；对于成品翼缘宽度较窄，且生产中较易出现翼缘波浪等缺陷的，选下限。

（2）开坯机成型孔平均翼缘厚度设计。根据成型孔轧件腹板厚度及万能区域腹板翼缘延伸关系，确定开坯机成型孔平均翼缘厚度及开坯机所需要的孔型数。一般孔型侧压量设计为 5~20mm。

（3）开坯机成型孔开槽深度设计。在设计开坯机成型孔开槽深度时，应考虑万能区域翼缘延伸关系、成品材深度等因素。成品材深度与开坯机成型孔槽深度之差为 0~30mm。

8.3.5.2　进万能孔型前的开坯机最终道次形状设计

以图 8-27、图 8-28 为例，根据万能轧机平均延伸系数与总轧制道次 n，可求出总的延伸系数（相对腹板而言）：

$$\mu_{\Sigma} = (\mu_c)^n$$

由此可求得该道次的腹板翼缘厚度：

$$T_w = \mu_{\Sigma} t_w$$
$$T_f = (1.1 \sim 1.5)\mu_{\Sigma} t_r$$
$$W_b = W - (2 \sim 5)$$

式中　W_b——开坯机最终道次轧件腰部内宽；

t_w——成品腰厚；

t_r——成品腿厚；

W——成品腰内宽。

式中，平均延伸系数 μ_c 可根据 H 型钢腹板高度 h 取为 1.15~1.33（大规格取下限，小规格取上限）。

通常，内侧壁斜度取 10%~25%，外侧壁斜度取 5%~15%，从而可求得该道次腹板总高度 H；翼缘高度 $B = b + (5 \sim 30)$ mm。

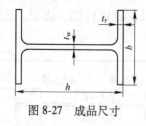

图 8-27　成品尺寸

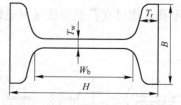

图 8-28　开坯机最终道次形状尺寸

8.3.5.3　开坯机孔型及压下规程的制定

以 H600mm×300mm×12mm×20mm H 型钢为例，其开坯机孔型及配辊如图 8-29 所示，其压下规程见表 8-3。

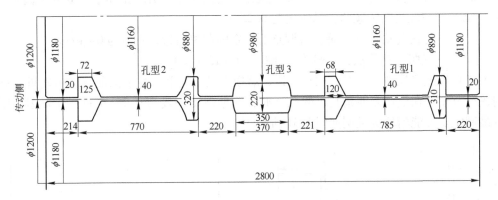

图 8-29　开坯机孔型及配辊图

表 8-3　开坯机压下规程

| 道次 | 孔型编号 | 翻钢编号 | 截面尺寸 | | | | | 辊缝/mm | 工作辊径/mm | 转速/r·min⁻¹ | 轧制速度/m·s⁻¹ | 咬入速度/m·s⁻¹ | 软件长度/mm |
			腹板厚度/mm	翼缘宽度/mm	腹板高度/mm	截面面积/mm²	面缩率/%						
0			120	450	750	160800							11.0
1	2		140	420	770	150400	6.9	120	1005	34.2	2.0	2.0	11.7
2	2		100	380	770	135000	11.4	80	1025	33.5	2.0	2.0	13.0
3	2		85	365	770	123450	8.6	65	1040	36.7	2.5	2.0	14.2
4	2		70	350	770	111900	9.4	50	1055	36.2	2.5	2.0	15.7
5	3	1	70	350	750	111000	0.8	550	980	48.7	3.0	2.0	15.8
6	1	1	58	328	785	97000	12.6	38	1076	44.3	3.5	2.0	18.1
7	1	1	50	320	785	90650	6.5	30	1085	52.8	3.5	2.0	19.4

8.3.6　万能轧机孔型设计

我国第一套 H 型钢生产线采用串列轧制工艺 1-3-1 布置，首先是 1 架开坯机，中间是 2 架万能粗轧机和 1 架轧边机形成的 3 机架可逆式连轧机组，最后是 1 架万能精轧机。这种轧机布置形式在辊型设计方面不但要考虑各架轧机轧辊宽度大小，而且还要考虑各架轧机轧辊宽度之间的匹配，否则，在轧制过程中会出现各种轧制缺陷，如尺寸超差、腹板或翼缘波浪、圆角折叠和腹板偏心等，甚至出现轧制事故，如堆钢。这里对万能轧机的辊型设计及其配辊方案做进一步的介绍。

8.3.6.1　万能轧机的辊宽设计

A　万能精轧机辊宽设计

万能精轧机轧辊如图 8-30 所示。万能精轧机辊宽设计时，应考虑轧件外形尺寸、公差尺寸、轧辊倾角、热胀冷缩等因素的影响。万能精轧机轧辊宽度为：

$$W_F = [(H + \Delta_1) - 2(t_w - \Delta_2)\cos\phi]\mu - \Delta_3$$

式中　　W_F——万能精轧机轧辊辊宽；

Δ_1，Δ_2——轧件高度方向和轧件翼缘厚度方向公差尺寸，Δ_1取正偏差，Δ_2取负偏差；

ϕ——精轧机轧辊倾角，马钢定为 0.25°；

Δ_3——考虑轧机调整、矫直机调整所给定的调整余量，一般为 0~4mm；

μ——热胀冷缩系数，一般为 1.000 ~ 1.013mm/℃。

　　万能精轧机仅轧制一道次，相对来说，磨损不是很严重。为了保证万能精轧机轧制结束时脱孔方便，在设计万能精轧机的孔型时，侧壁斜度一般为 0.25°左右，轧辊圆角则根据标准制定。万能精轧机辊型如图 8-31 所示。

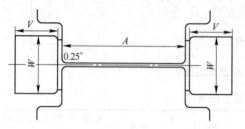

图 8-30　万能轧机轧辊示意图

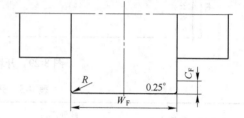

图 8-31　万能精轧机辊型

W_F—万能精轧机辊宽；C_F—斜面高度

　　B　万能粗轧机轧辊辊宽设计

　　在万能粗轧机辊宽设计时，主要考虑与精轧机轧辊的匹配，万能粗轧机辊宽 W_R 计算公式为：

$$W_R = W_F - \Delta_4$$

　　为了防止因轧制不稳定而出现折叠、腹板偏心等缺陷，Δ_4 为经验参数，一般为 2~5mm。实际生产中，由于粗轧机组轧制道次多、变形量大、磨损大，因此为延长轧辊使用寿命，将 Δ_4 确定为 2~5mm。实践证明，此值效果良好。

　　该 H 型钢生产线能够生产 H 值在 200~800mm 范围内的所有系列规格，每个系列对应一种轧辊宽度。因此，合理的设计万能轧辊辊型非常重要。

　　从实际磨损情况来看，万能粗轧机的磨损是万能精轧机的近 2 倍。为了提高轧辊的重车率，降低轧辊消耗，提高轧件咬入状态，更好地与万能精轧机斜度相匹配，在轧辊侧壁斜度的设计上万能粗轧机不同于万能精轧机。一般情况下，万能粗轧机的轧辊侧壁斜度为 5°，其圆角具有承上启下的作用，一般介于开坯机和万能精轧机的圆角之间，比万能精轧机的圆角大 5~10mm。这样可以防止万能精轧机的轧辊在轧制时圆角黏钢，影响成品质量和轧制生产节奏。具体辊型如图 8-32 所示。

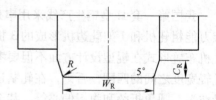

图 8-32　万能粗轧机辊型

W_R—万能粗轧机辊宽；C_R—斜面高度

　　C　轧边机轧辊设计

　　轧边机的作用主要是控制 H 型钢的翼缘端部的形状。它也能控制翼缘的宽度，但有一定的限度，对腹板并没有压下量。为此，轧机边的孔型与万能轧机的孔型有所不同。

（1）轧边机槽深设计。轧边机轧辊如图 8-33 所示。在设计轧边机槽深时，同样应考虑轧件宽度外形尺寸、公差尺寸、轧辊倾角、热胀冷缩等因素的影响。

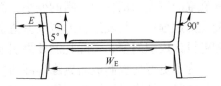

图 8-33 轧边机轧辊示意图

W_E—轧边机轧辊辊身宽度；D—轧边机切槽深度；E—轧边机根部宽度

轧边机槽深 D 为：

$$D = \frac{1}{2}\alpha\left[(b-\Delta_5)-(t_w+\Delta_6)\right]\cos\phi\cos\beta - \Delta_7$$

式中 Δ_5，Δ_6——轧件宽度方向及轧件腹板厚度方向公差尺寸；

α，β——精轧机、粗轧机轧辊倾角，分别为 0.25°和 5°；

Δ_7——调整余量，主要用于防止轧制时轧件与轧辊辊身接触，为了便于调整，一般调整余量设定为 0.5~1.5mm；

t_w——轧件翼缘宽度。

（2）轧边机辊宽设计。轧边机主要用于轧件翼缘宽度方向加工。设计时，一般在轧辊表面开有凹槽，以防止调整时轧辊接触轧件，造成轧机负荷过大。轧边机辊宽为：

$$W_E = W_R - (0.5 \sim 5.0)\text{mm}$$

如果轧边机辊宽过窄，会造成轧件在轧边中轧制不稳定，出现腹板偏心、翼缘波浪等缺陷。

为了保证轧边机容易咬入，可以将轧边机的侧壁斜度设计成双斜度。其中靠近翼缘端部的斜度与万能粗轧机的斜度一样，均为 50°，而靠近腹板部分的斜度要大于 50°。根据翼缘高度的不同，轧边机侧壁的斜度也有所不同，见表 8-4。

表 8-4 轧边机侧壁斜度值

翼缘高度/mm	≤150	175~200	250~300	≥350
斜度 η/(°)	30	50	70	90

8.3.6.2 万能轧机的孔型配置

根据 H 型钢的特点，各机架轧辊宽度可以在某一个范围内变化。但由于轧制条件、冷却条件、轧制道次等方面的不同，各机架的轧辊宽度不可能同步变化。当这种变化超过轧件在轧制时所能承受的极限时，就会出现各种缺陷和事故，如轧辊圆角黏钢、腹板游动、腹板凹沟、成品圆角折叠等。为了防止和避免以上缺陷和事故的发生，必须进行合理的轧辊配置。

对万能粗轧机组来说，两机架轧辊宽度的差值不能太大。一般情况下，保证差值在 3mm 以内，尤其是对翼缘宽度在 200mm 以下、翼缘厚度较薄的规格。否则，经小辊宽机架轧制后进入大辊宽机架时，轧件翼缘容易咬入水平辊的辊缝中而出现轧卡事故。另外，两架万能轧机和轧边机的宽度也不能相差太大，尤其是轧边的辊宽不能太小，因为当轧边辊与轧件接触面太小时，对轧件的夹持力就不够，轧件易在孔型内晃动，不稳定，造成翼缘波浪。同时，轧边机辊的工作面与万能轧辊的工作面有所不同，万能轧辊的径向和轴向都有不同程度的磨损，尤其是轴向磨损更大，而轧边机的径向比轴向的磨损要大得多。万能轧辊的宽度因消耗而不断的变小，而轧边辊的宽度可以保持不变，在万能轧辊宽度不断变化的过程中，与轧边辊的宽度差值也不断地变大。为了消除这种差值变动，将轧边机的侧壁设计成双斜度，实际轧制效果明显较好。

为了更好地控制成品翼缘端部的质量，减小翼缘端部的凸度，在万能粗轧机最后一道次轧制时，轧边机下游的万能轧机空过，不参与轧制。这样就使得万能粗轧机 UR 机架的轧辊宽度与精轧机的轧辊宽度的差值在一定的范围内，一般来说，粗轧机 UR 与精轧机 UF 的轧辊宽度差值在 −3~1mm 的范围内。若万能精轧机辊宽过大，轧件由 UR 进入 UF 时腹板强迫宽展，轧件腹板表面会出现条状的凹沟。另外，由于强迫宽展，精轧机轧辊两侧圆角磨损较快，轧制量不大时，轧辊圆角会磨成尖角，在成品上的反映是圆角出现线状沟槽；若精轧机轧辊宽度过小，成品轧件的圆角部位容易产生折叠。

8.3.6.3 UEU 机组压下规程的制定

制定规程时，一般应使翼缘压下系数 λ_t 大于腰部压下系数 λ_y。

通常，精轧机 U_F 的压下系数可取 1.05~1.1，其余道次可取 1.1~1.5。

轧件在 U 孔型中轧制时，轧件的边高会有变化。轧件边部在 U 孔型轧制时的增长量 ΔB_4 为自然增长量 ΔB_t 与强迫增长量 ΔB_{cl} 之和。

从 U 道次到 E 道次时，轧件边部的 ΔB_t 为：

$$\Delta B_t = \frac{b_0 \Delta t \sqrt{b_0 R_v}}{b_0^2 + t_0 t_1}$$

$$\Delta t = t_0 - t_1$$

式中　t_0，t_1——翼缘轧前厚度与轧后厚度；

　　　b_0——翼缘轧前宽度；

　　　R_v——立辊半径。

从 E 道次到 U 道次时，轧件边部除自然增长量外，由于轧件边部在 E 道次中边部附近有局部增厚，因此在 U 道次中轧制时，轧件边端处有强迫增长量：

$$\Delta B_d = k \Delta h_c t_0 / \lambda$$

式中　k——系数，一般取 0.5~0.7；

　　　λ——轧件在 U 孔型中的延伸系数；

　　　Δh_c——轧件在 E 孔型中的总边高压下量。

根据上述原则，可确定出 UEU 机组各道次的轧件尺寸及压下规程。

思 考 题

8-1 孔型设计的内容是什么？

8-2 简述孔型设计的程序。

8-3 简述各道次的变形量分配的影响因素。

8-4 万能孔型设计的思路是什么？

9 轧制工艺参数优化

9.1 H型钢性能控制

9.1.1 提高H型钢性能的途径

H型钢作为结构用材料，广泛应用于高层建筑、工业厂房、码头、桥梁、地下巷道等大型工程。根据这些工程结构设计的要求，H型钢应具备以下性能：良好的可焊性、高的抗拉强度和屈服强度、高的抗疲劳强度、良好的抗断裂韧性、均匀的材料强度与韧性。

提高H型钢性能的冶金途径主要有：

（1）通过增加碳含量使珠光体量增加，从而达到提高材料抗拉强度的目的。但为使材料不因碳含量提高而损害材料的可焊性和抗断裂强度，一般碳含量上限不超过0.2%。

（2）向钢中添加合金元素，如Si、Mn、Cr、Ni等，利用合金元素在铁素体中的固溶强化作用，也可显著提高金属材料的强度。但合金元素的加入也会使材料的可焊性变差，一般认为加入的合金元素总量应限制在1.5%以下。

（3）通过热处理，借助马氏体转变，可提高金属材料的强度和硬度。

（4）通过冷加工变形，提高金属晶体的位错密度，从而提高强度。

（5）Nb、V、Ti等合金元素的沉淀硬化作用对铁素体晶粒直径的影响和终轧温度有关，终轧温度越低，晶粒直径越小，沉淀硬化作用越大，尤其是Nb和V。沉淀硬化可使金属材料的屈服强度提高，同时可以降低金属的脆性转变温度。

（6）金属的韧性很大程度上取决于硫的含量和硫化物夹杂的种类。要使钢材具有良好的韧性，硫含量应控制在0.0029%以下，同时要控制硫化物和氧化物形状。

（7）通过再结晶，尤其是加入有利于晶粒细化的元素，如Nb、Ti、V等，均可促使晶粒细化，使屈服强度提高，韧性改善，对Nb来说，最大加入量为0.03%~0.04%。

（8）对H型钢来说，控制轧制和控制冷却是提高性能的主要手段。

H型钢、工字钢和角钢等型钢由于形状比较复杂，成型过程基本确定，道次变形变化不大，因而大多采用控制轧制温度及轧后控制冷却工艺。

对于普通碳素钢和低合金钢钢材，其性能主要取决于终轧温度、变形程度和晶粒尺寸。低的终轧温度可以提高抗断裂强度。实践表明，终轧温度每降低10℃，屈服强度增加13MPa，抗拉强度增加10MPa。增加金属的变形程度有利于韧性的提高。微量合金元素的作用是通过晶粒细化和沉淀硬化来使钢材强韧化。

不进行控制冷却时，轧制过程中及终轧时H型钢断面温度分布规律一般是：腿部中心及腰腿连接处（R部）温度高，腿端及腰部中心温度低。这种温度不均匀分布将引起室温下H型钢翘曲变形和内部产生残余应力。腿部和腰部温差越大，残余应力越大。实测和数值模拟结果表明，在冷却过程中最大温差达150℃；用盲孔法测定H型钢残余应力，腿部拉应力最大值为293.01MPa，腰部压应力最大值为300.26MPa。

在 H 型钢轧制过程中，控制冷却是提高 H 型钢质量的简单易行的办法。通常是控制万能精轧机前的冷却，使万能粗轧机出来的轧件温度从 1050~1100℃ 降到 850℃，然后再送入万能精轧机轧制。从 1050℃ 降到 850℃，大约需要 120s。通常采用喷雾冷却，喷雾时间与空冷时间为 1:3。冷却装置安放在万能粗轧机后的工作辊道旁，喷嘴在高度和宽度上可以调整。在万能精轧机后的冷却，对 H 型钢残余应力水平的控制更为关键。H 型钢此时要从 850℃ 降到 80℃，大约需要 110s。为使整个断面温度均匀降低，还要对 H 型钢的腿部进行冷却。通常也是采用喷雾冷却，同时在冷床上采用立冷，使其腰、腿温差变小。如控制不当，常出现腰部波浪或腿部波浪，或很大的残余内应力。

当以连铸坯为原料时，H 型钢的性能将受到塑性变形程度、夹杂物分布、加热温度、终轧温度、冷却强度等因素的影响。

（9）用于建筑业的 H 型钢，通常采用低碳或超低碳合金钢。具体钢种根据最终用途确定。要根据最终用途选择钢种性能、成分、加工性（包括可焊性、缺口敏感性、脆性敏感性等），同时设计 H 型钢的轧制工艺，选择合适的加热温度、变形条件和冷却条件。形变热处理是最有发展前途的工艺，但它需要有专用设备和严格的工艺，才能在尽可能低的轧制温度下，采用尽可能大的变形和尽可能均匀的冷却，通过改变再结晶，细化铁素体晶粒，发挥微量合金元素的固溶强化、沉淀强化作用，全面提高综合性能。

9.1.2　H 型钢控制冷却

9.1.2.1　控制冷却目的

复杂断面型钢轧后控制冷却的目的主要是：
（1）加快轧后冷却速度，提高冷床能力，利于高速轧制；
（2）防止（或减轻）H 型钢冷后产生翘曲及扭转等变形，利于减小矫直力；
（3）降低 H 型钢内部的残余应力；
（4）提高 H 型钢的强度和韧性（尤其是厚腿的 H 型钢），改善其组织状态，利于减少合金元素含量；
（5）简化生产工艺。

9.1.2.2　控制冷却方式

H 型钢控制冷却方法有腿部局部强冷技术、QST 淬火自回火技术等。QST 冷却技术的原理是：H 型钢以一定温度终轧后，用水淬火，在心部冷却前，终止冷却，使轧件温度由终轧温度（850℃左右）快速降至 600℃ 左右，然后利用轧件心部的余热进行自回火处理，即淬火+自回火处理工艺。采用 QST 工艺，碳当量为 0.35%、腿部厚达 140mm 的 H 型钢，屈服极限可提高到 460MPa，而且不影响焊接性能和韧性。

目前常见的几种控制冷却方式有层流冷却、穿水冷却、喷射冷却、喷雾冷却。各种冷却方式对流换热系数见表 9-1。

表 9-1　各种冷却方式对流换热系数

冷却方式	层流冷却	穿水冷却	喷射冷却	喷雾冷却
对流换热系数／ $W \cdot (m^2 \cdot ℃)^{-1}$	4000~6000	2000~22000	5000~8000	233~17500

H型钢一般采用喷射冷却及喷雾冷却两种方式，二者的共同优点是可喷射到需要冷却的部位，并且可以对喷射水量（冷却能力）进行控制。喷射是靠水压使水雾化；而喷雾是用气体使水雾化，用低压空气使水雾化时，气流对传热几乎没有影响，同时空气流使水滴和轧件接触均匀，并能排除槽内的滞留水，使轧件的冷却不均进一步得到改善。喷雾冷却的冷却能力大，可以在较大范围内改变传热系数，对于控制冷却温度而言是个比较方便的方法，因此多选择喷雾冷却方式。

A 控制H型钢室温变形的控制冷却

H型钢在轧机里，呈H姿势（见图9-1a），即平式，腰与水平面平行。热轧后，锯切分段成几根后，翻转90°，由H姿势变成I姿势（见图9-1b）在冷床上冷却。当冷却到60~90℃时，下冷床。由立式翻转为平式后进矫直机矫直。

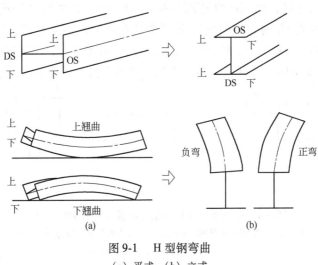

图 9-1 H型钢弯曲
（a）平式；（b）立式

为了减轻H型钢弯曲，H型钢在冷床上间隔一定距离立式放置，经过一定时间平移到冷床出口，或者一边翻转一边冷却，如图9-2所示。

H型钢轧制时，轧辊冷却水浇到H型钢上腿部，上腿部由于散热条件好，冷却较快，下腿部由于散热条件差，冷却较慢。上冷床前H型钢（同一侧腿）上腿和下腿温度不均，冷却到室温时会产生如图9-1（a）所示的弯曲，在冷床上会产生如图9-1（b）所示的弯曲。图9-3为万能精轧后30s的H型钢腿部宽度方向外侧的表面温度分布。上、下腿温度分布规律相似，从腰部到腿端，温度逐渐降低，但下腿端比上腿端高20~30℃，冷却到室温时产生下翘曲的变形。H型钢这种温差大小随轧制道次而变化。

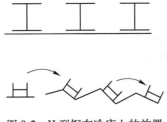

图 9-2 H型钢在冷床上的放置

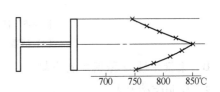

图 9-3 H型钢轧后上、下腿温度不均匀

　　为了减小弯曲程度，对轧制时或轧制后的 H 型钢的下侧腿部内表面进行强制冷却，以减小与上侧腿部的温差，或热轧后在腿部端部温度达到 A_{r3} 或 A_{r1} 附近温度后，将 H 型钢立放冷却，或组合、并用。但这些方法并不能完全解决 H 型钢在冷床上左右弯曲或呈其他弯曲的问题。

　　实际上，每根 H 型钢在冷床上是以一定间隔并列放置冷却的。由于距离不太远，每根 H 型钢均会受到来自左右临近 H 型钢的热影响，而且该热影响是不均匀的。这就导致 H 型钢的左右腿部冷却速度不同，冷却终了时，产生向左或右弯曲。每根 H 型钢受到的来自临近 H 型钢的热影响不均匀，其原因见图 9-4，可分为三种情况。在冷床上并列放置 3 根 H 型钢空冷时，分析中间位置的 H 型钢的弯曲情况。第一种情况见图 9-4（a），与左邻 H 型钢的间距 d_L 和与右邻 H 型钢的间距 d_R 不同；第二种情况见图 9-4（b），左右相邻的 H 型钢的温度 T_L 和 T_R 不同；第三种情况见图 9-4（c），左右相邻的 H 型钢长度 l_L 和 l_R 不同。当 $d_1 < d_R$、$T_L > T_R$ 或 $l_L > l_R$ 时，中间位置 H 型钢的左侧腿部不易冷却，其结果产生向左弯曲；而当 $d_1 > d_R$、$T_L < T_R$ 或 $l_L < l_R$ 时，产生向右弯曲。但实际上，上述这些原因综合作用造成左右腿部冷却速度不同，冷却终了后，H 型钢弯曲方向和弯曲量也是不同的。

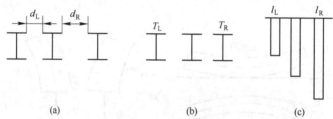

图 9-4　在冷床上的 H 型钢断面温度分布影响因素
（a）左右两侧 H 型钢间距不同；（b）左右两侧 H 型钢温度不同；
（c）左右两侧 H 型钢长度不同

　　为了减小这种弯曲，针对不同的原因，对 H 型钢腿部外侧进行不同位置的水冷：如图 9-5（a）所示，在轧制线精轧机附近的两侧，放置水冷装置，并且其喷嘴位置可上下移动；或者如图 9-5（b）所示，设置水冷装置，并且喷嘴的喷射角度可沿上下方向变化，在 H 型钢腿部外侧面上，对腿部宽度方向上的适当部位进行强制冷却。腿部宽度方向上的强制冷却位置，根据所求出的预测值决定。考虑尺寸精度问题，水冷装置最好设置接近精轧机前面或后面。

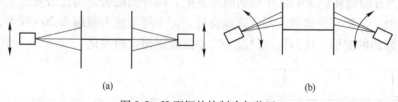

图 9-5　H 型钢的控制冷却装置
（a）喷嘴上下移动；（b）喷嘴转动

B　莱钢中型 H 型钢控制冷却

a　控制冷却方案

在 U_5 精轧机后增设 15m 长的水雾冷却段，在半提升辊道侧挡板位置设置上下两排喷嘴,在其下方设置可调整角度的两排喷嘴。在紧接半提升辊道后面的精轧输出辊道盖板两侧设置雾状喷嘴,在最后一组护罩上方设置 3 组高压水阻水装置和 1 组压缩空气吹扫装置。控冷后应使降温速度达到 30℃/s 左右,轧件温度平均降低 100~150℃。

b 控制功能

控制冷却装置的喷嘴和 3 组高压水阻水装置的开启和关闭,由人工按轧件长度手动控制;压缩空气阻水装置按信号自动控制,具体控制如下:

(1) 轧件头部出 U_5 轧机压缩空气阻水装置开启。轧件自检测到至进入冷却段有 0.7~2.2m 距离,按照最高轧制速度 5m/s 计算,时间提前量为 0.14~0.44s。时间长短可通过取样检测信号的不同来调节。

(2) 轧件尾部离开热金属检测器,压缩空气阻水装置关。

(3) 对于轧件超长、尾部停留在冷却段的特殊情况,检测辊道减速信号及冷却装置出口热检信号,判断轧件尾部是否停留在冷却装置内,采用延时关断等手段进行控制。

(4) 相关信号:U_5 负荷继电器,U_5 出口热检信号冷却装置出口热检信号,U_5 后摆动辊道运行信号,U_5 输出辊道运行信号、辊道减速信号。

c 使用效果

(1) 轧件腿部冷却速度大大加快,降温速度平均达到 32℃/s 左右,轧件出控冷设备后,温度平均比以前降低 100℃以上,轧件腿、腰冷却速度趋于均匀,消除或降低了残余应力,减少了轧件在冷床上的冷却变形。现已全部对轧件采用了小压力矫直,H 型钢和工字钢矫直辊片全部进行了减薄改造,大大节约了矫直辊备件成本,同时也降低了轧件表面氧化膜的破损程度。

(2) 轧件 R 部位达到快速冷却的目的,R 部位气泡明显减少或消失,该部位形成致密氧化膜,隔绝了轧件基体与空气的接触,减轻了轧件的锈蚀程度。

(3) 快速降温,缩短了轧件高温冷却时间,防止了大量红锈的生成。另外,可除掉在精轧过程中形成的氧化铁皮,减少氧化铁皮的夹层现象,同时便于形成比较致密的氧化膜,从而提高轧件的表面质量,最终起到防锈作用。部分规格已不再使用防锈液。

(4) 采用控制冷却后,轧件的力学性能和组织性能有了很大提高。表 9-2 是实施控冷前后几个规格轧件的性能指标统计(每个规格各取 30 炉的平均值)。

表 9-2 轧后控冷应用前后 H 型钢部分力学性能对照表

指标 规格/mm	屈服强度 σ_s/MPa		抗拉强度 σ_b/MPa		延伸率 δ_5/%	
	控冷前	控冷后	控冷前	控冷后	控冷前	控冷后
H100×100	302.5	326.6	437.3	472.6	33.7	30.9
H150×75	315.4	345.5	445.2	479.3	32.7	32.1
H300×150	306.2	310.8	447.4	445.2	32.7	32.8
H200×200	281.4	295.4	431.6	440.3	33.1	32.8
H250×125	314.7	322.6	453.6	458.6	31.5	32.3

通过对比发现:实施控冷后,产品的屈服强度、抗拉强度均有所提高。例如,屈服强度 H100×100 提高了 7.37%,H150×75 提高了 8.73%,除 H200×200 外,基本消灭了 300MPa 以下的现象;抗拉强度 H100×100 提高了 7.47%,H150×75 提高了 7.12%。产品

延伸率有所降低。

9.2　钢轨性能控制

钢轨在线路上承受着车轮的冲击、弯曲和磨损，因此要求钢轨具有高强度、抗磨、抗压、抗疲劳以及韧塑性好的综合性能。钢轨淬火的目的是提高其综合性能，延长钢轨使用寿命。按淬火范围，钢轨淬火分为轨端淬火和全长淬火。轨端淬火仅提高了轨端的硬度和强度，它仅适用于普通有缝线路。

随着铁路提速及重载运输的发展，钢轨的性能显得越来越重要，应运而生的全长淬火钢轨得到了使用部门的重视和欢迎。

9.2.1　全长淬火钢轨的基本要求

9.2.1.1　淬火层形状和深度

车轮载荷对钢轨频繁的冲击，引起钢轨磨耗或坍塌。当磨耗到某种程度时，轮轨的几何匹配不好，不仅会造成动力作用不良效果，缩短钢轨使用寿命，而且危及行车安全。因此要求淬火层有一个包围轨头周边的帽形形状和一定的深度。层深太浅，起不到抗磨的延时作用。层深过大，造成浪费。钢轨磨耗是划分轻、重伤的依据。磨耗达到重伤限度的钢轨应立即更换；磨耗为轻伤限度的钢轨应注意观察其发展。淬火轨标准规定的淬火层深度应能达到抵抗车轮磨耗、延长钢轨使用寿命的效果，即要推迟轻伤钢轨的出现。TB/T 2344—2012 规定淬火层的深度为踏面中心 b 不小于 15mm，轨下颚 a 及 c 不小于 10mm，淬火层形状如图 9-6 所示。

轨头强化层强度 $\sigma_b \geqslant 1080$MN，$\delta_5 \geqslant 10\%$。

淬火钢轨硬度是一项关键技术参数。硬度过高，不仅可能出现马氏体，而且与车轮硬度匹配不合理会造成不良后果。淬火层硬度及分布见图 9-7。图 9-7 中，第 1 点距表面 3mm，其余各点间距 3mm，H 为轨头高度。

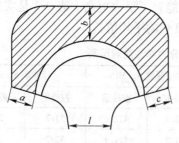

图 9-6　淬火层形状图

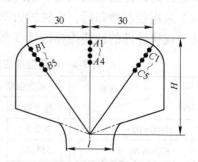

图 9-7　硬度测试图

标准规定淬火层硬度从淬火轨横断面上测定，测试点如图 9-7 所示。硬度从表面向内部均匀过渡。断面的硬度沿三条测试线测定——中心线、左圆角线、右圆角线。通常距轨头表面第一点的硬度值不够准确，故从第二点即 A2、B2、C2 点测起，一直向轨头心部测量。标准规定 A4、B5、C5 点的硬度不能低于 HRC32.5，这是为了使心部具有足够的硬度，同时也规定不得出现 HRC42 的硬点，防止出现马氏体而造成钢轨断裂。

9.2.1.2 淬火层金相组织

钢轨淬火的目的是为了显著提高其强度和韧性，但若淬火冷却速度过大会导致马氏体、贝氏体转变，出现马氏体、贝氏体，反而降低韧性使得淬火层易剥落掉块危及行车安全。所以标准规定淬火层金相组织应为细片珠光体，允许有少量铁素体，不得出现马氏体及贝氏体。

9.2.1.3 允许变形量

标准要求淬火轨经矫直后应平直。其均匀弯曲度不得超过 1/1000，对比未淬火轨的 0.5/1000 还是合理的，现场采用辊式矫直机，因此规定用 1m 直尺靠量检验钢轨的垂直、水平弯曲度，其矢度不大于 0.5mm。

9.2.2 在线余热淬火钢轨生产工艺

在线轨头余热淬火是指钢轨终轧后，利用其本身余热直接快速冷却轨头的工艺，也称为轨头在线热处理。钢轨在线余热热处理较离线热处理具有以下特点：与轧制节奏相匹配，生产效率高；不用再加热，节省能源，简化工艺；轨头硬化层深；对轨腰、轨底进行适当的冷却可以得到强化，并且使钢轨收缩、膨胀及相变应力在淬火过程中得到均衡，因而钢轨中残余应力较小。

在线轨头余热淬火有两种冷却工艺：

(1) 用强冷却介质（水）冷却时采用间断冷却方式。喷水冷却时轨头表面温度迅速下降，随后空冷时轨头内部热量传到表面，使表面温度回升，从而降低了轨头表面冷却速度，使其不产生贝氏体转变，同时心部也冷却较快。这种周期性的间断冷却一直进行到珠光体转变开始时才停止，不再快冷，使珠光体在近似等温条件下完成转变，获得细珠光体组织，珠光体片层间距小于 $1.0×10^{-7}$ m，然后继续冷却到室温。

(2) 用软介质（压缩空气、水雾、油、热水或添加缓冷剂的水）冷却时采用连续冷却方式以获得细珠光体组织。采用软介质连续冷却钢轨时，由于冷速不够，轨头硬度达不到要求（380HB），故在标准碳素钢中适当提高 MnS 含量，并加入少量 Cr、V、Nb 等元素，以推迟珠光体转变，从而在较低冷却速度下（约 240℃/min）冷却即可获得要求的轨头硬度。

采用低氢冶炼、真空脱气、连铸技术使钢质纯净、均匀，可以取消钢轨缓冷，为在线余热淬火工艺的发展创造了条件。

由于轧制工艺过程的随机性，淬火前钢轨温度可能出现较大的差异。因此，要获得所希望的均匀珠光体组织，与离线淬火工艺相比，余热淬火工艺对钢轨的材质提出了更为严格的要求。在线轨头余热淬火必须具备以下条件：

(1) 钢质纯净，含氢量小于 $2.7×10^{-6}$；

(2) 有合理的和稳定的加热、轧制和在线余热淬火工艺参数；

(3) 具有完整的检测技术；

(4) 具有计算机过程控制技术和相关模型。

攀钢余热淬火轨生产机组可对终轧后钢轨进行连续式雾+风冷却，也可以进行全风冷。

热处理工艺和设备对自动控制系统的要求为：

（1）热处理机组辊道速度可分段自动调节，以满足不同入口温度的钢轨对热处理时间的要求，并实现连续进钢以提高生产效率。

（2）雾冷强度手动设定不变，雾冷喷头数量分段自动控制，即雾冷时间可实现自动控制。

（3）风机风量和风嘴距轨头表面的位移量可自动调节，以实现钢轨硬度等级控制。

（4）钢轨的变形采用机械约束和轨底冷却的复合控制法。轨底冷却不受头部冷却影响，可独立控制。

机组平面及钢轨温度、位置检测点布置如图9-8所示（操作台CT为机组调试时使用）。

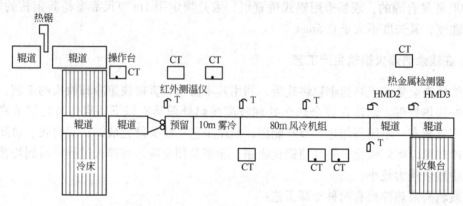

图 9-8　钢轨余热淬火机组平面布置示意图

参 考 文 献

[1] 袁志学. 中型型钢生产 [M]. 北京：冶金工业出版社，2005.

[2] 徐春，王全胜，张驰. 液压传动 [M]. 北京：化学工业出版社，2011.

[3] 赵松筠. 型钢孔型设计（第2版）[M]. 北京：冶金工业出版社，2000.

[4] 苏世怀. 热轧H型钢 [M]. 北京：冶金工业出版社，2009.

[5] 李登超. 现代轨梁生产技术 [M]. 北京：冶金工业出版社，2008.

[6] 翁正中. 型钢生产 [M]. 北京：冶金工业出版社，1993.

[7] 沈茂盛. 型钢生产知识问答 [M]. 北京：冶金工业出版社，2003.

[8] 董志洪. 高技术铁路与钢轨 [M]. 北京：冶金工业出版社，2003.

[9] 程向前. X-H轧制孔型设计技术 [J]. 山西冶金，2006，103（3）：24~27.

[10] 张文满，吴恩结，周光理. 马钢H型钢万能轧机辊型设计和配置 [J]. 安徽冶金，2003（3）：48~50.

[11] 谢世红，范杨，阮本龙. 热轧H型钢控制冷却工艺研究 [J]. 轧钢，2004，21（5）：32~35.

[12] 付德武. 轧制学 [M]. 北京：冶金工业出版社，1983.

[13] 康永林. 轧制工程学 [M]. 北京：冶金工业出版社，2004.

冶金工业出版社部分图书推荐

书 名	作 者	定价(元)
冶金专业英语（第3版）	侯向东	49.00
电弧炉炼钢生产（第2版）	董中奇 王 杨 张保玉	49.00
转炉炼钢操作与控制（第2版）	李 荣 史学红	58.00
金属塑性变形技术应用	孙 颖 张慧云 郑留伟 赵晓青	49.00
自动检测和过程控制（第5版）	刘玉长 黄学章 宋彦坡	59.00
新编金工实习（数字资源版）	韦健毫	36.00
化学分析技术（第2版）	乔仙蓉	46.00
冶金工程专业英语	孙立根	36.00
连铸设计原理	孙立根	39.00
金属塑性成形理论（第2版）	徐 春 阳 辉 张 弛	49.00
金属压力加工原理（第2版）	魏立群	48.00
现代冶金工艺学——有色金属冶金卷	王兆文 谢 锋	68.00
有色金属冶金实验	王 伟 谢 锋	28.00
轧钢生产典型案例——热轧与冷轧带钢生产	杨卫东	39.00
Introduction of Metallurgy 冶金概论	宫 娜	59.00
The Technology of Secondary Refining 炉外精炼技术	张志超	56.00
Steelmaking Technology 炼钢生产技术	李秀娟	49.00
Continuous Casting Technology 连铸生产技术	于万松	58.00
CNC Machining Technology 数控加工技术	王晓霞	59.00
烧结生产与操作	刘燕霞 冯二莲	48.00
钢铁厂实用安全技术	吕国成 包丽明	43.00
炉外精炼技术（第2版）	张士宪 赵晓萍 关 昕	56.00
湿法冶金设备	黄 卉 张凤霞	31.00
炼钢设备维护（第2版）	时彦林	39.00
炼钢生产技术	韩立浩 黄伟青 李跃华	42.00
轧钢加热技术	戚翠芬 张树海 张志旺	48.00
金属矿地下开采（第3版）	陈国山 刘洪学	59.00
矿山地质技术（第2版）	刘洪学 陈国山	59.00
智能生产线技术及应用	尹凌鹏 刘俊杰 李雨健	49.00
机械制图	孙如军 李 泽 孙 莉 张维友	49.00
SolidWorks 实用教程30例	陈智琴	29.00
机械工程安装与管理——BIM技术应用	邓祥伟 张德操	39.00
化工设计课程设计	郭文瑶 朱 晟	39.00
化工原理实验	辛志玲 朱 晟 张 萍	33.00
能源化工专业生产实习教程	张 萍 辛志玲 朱 晟	46.00
物理性污染控制实验	张 庆	29.00
现代企业管理（第3版）	李 鹰 李宗妮	49.00